中国传统技术的新认知

张柏春 主编

水运时转

——中国古代擒纵调速器之系统化复原设计

林聪益 著

山东教育出版社

图书在版编目（CIP）数据

水运时转 ：中国古代擒纵调速器之系统化复原设计 / 林聪益著 . — 济南 ：山东教育出版社，2020.4
（中国传统技术的新认知 / 张柏春主编）
ISBN 978-7-5701-0967-8

Ⅰ. ①水… Ⅱ. ①林… Ⅲ. ①记时仪—研究—中国—古代 Ⅳ. ①TH714.8

中国版本图书馆CIP数据核字（2020）第021208号

ZHONGGUO CHUANTONG JISHU DE XIN RENZHI

SHUI YUN SHI ZHUAN

——ZHONGGUO GUDAI QINZONG TIAOSUQI ZHI XITONGHUA FUYUAN SHEJI

中国传统技术的新认知 张柏春/主编

水运时转

——中国古代擒纵调速器之系统化复原设计 林聪益/著

主管单位：山东出版传媒股份有限公司
出版发行：山东教育出版社
地址：济南市纬一路321号 邮编：250001
电话：（0531）82092660 网址：www.sjs.com.cn
印 刷：山东临沂新华印刷物流集团有限责任公司
版 次：2020年4月第1版
印 次：2020年4月第1次印刷
开 本：787毫米×1092毫米 1/16
印 张：6.75
字 数：122千
定 价：39.00元

（如印装质量有问题，请与印刷厂联系调换）印厂电话：0539-2925659

总序

近百年来，特别是20世纪50年代学科建制化以来，中国科学技术史学家整理和研究中华科技遗产，认真考证史实与阐释科技成就，强调新史料、新观点和新方法，构建科技知识的学科门类史，在许多领域都做出开创性的工作，取得了相当丰厚的研究成果，代表作有中国科学院自然科学史研究所牵头组织撰写的26卷本《中国科学技术史》，以及吸收多年专题研究成果的天文学史、数学史、物理学史、技术史、传统工艺史等具有里程碑意义的学科史丛书。然而，未知仍然远多于已知，学术研究无止境。仅在中国古代科技史领域就有许许多多尚未认知透彻的问题和学术空白，以至于一些学术纷争长期不休。

近些年来，随着文献的深入解读、新史料的发现、新方法的发展，学界持续推进科技史研究，实现了一系列学术价值颇高的突破。我们组织出版这个系列的学术论著，旨在展现科技史学者在攻克学术难题方面取得的新成果。例如，郑和宝船属于什么船型？究竟能造出多大的木船？这都是争论已久的问题。2011年武汉理工大学造船史研究中心受自然科学史研究所的委托，以文献记载和考古发现为基本依据，对郑和宝船进行复原设计，并运用现代船舶工程理论做具体的仿真计算，系统地分析所复原设计的宝船的尺度、结构、强度、稳性、水动力性能、操纵性和耐波性等，从科学技术的学理上深化我们对宝船和郑和下西洋的认识，其主要成果是蔡薇教授和席龙飞教授等撰写的《跨洋利器——郑和宝船的技术剖析》。

除了宝船的设计建造，郑和船队还使用了哪些技术保证安全远航？下西洋给中国航海技术带来怎样的变化？自然科学史研究所陈晓珊副研究员以古代世界航海技术发展为背景，分析郑和下西洋的重要事件及相关航海技术的来源与变化，指出下西洋壮举以宋元以来中国航海事业的快速发展为基础，船队系统地吸收了当时中外先进的航海技术，其成果又向中国民间扩散，促成此后几个世纪里中国航海技术的基本格局。这项研究成果汇集成《长风破浪——郑和下西洋航海技术研究》，这部专著与《跨洋利器——郑和宝船的技术剖析》形成互补。

北宋水运仪象台被李约瑟赞誉为世界上最早的带有擒纵机构的时钟。关于苏颂的《新仪象法要》及其记载的水运仪象台，学者们做出了各自的解读，提出了不同的复原方案。有的学者甚至不相信北宋曾制作出能够运转的水运仪象台。其实，20世纪90年代，水运仪象台复原的重要问题已经解决，也成功制作出可以运转的实用装置。2001年，台南的成功大学机械工程系林聪益完成了他的博士论文《水运时转——中国古代擒纵调速器之系统化复原设计》。该文提出古机械的复原设计程序，并借此对北宋水运仪象台的关键装置（水轮-秤漏-杆系式擒纵机构）做系统的机械学分析，得出几种可能的复原设计方案，为复原制作提供了科学依据。

指南针几乎成了中国古代发明创造的一个主要标志。王振铎在1945年提出的“磁石勺-铜质地盘”复原方案广为流传。然而，学术界一直在争议何时能制作出指南针、古代指南针性能如何、复原方案是否可行等问题。人们质疑已有的复原方案，但讨论主要限于对文献的不同解读，少有实证分析。2014年自然科学史研究所将“指南针的复原和模拟实验”选为黄兴的博士后研究课题。他将实验研究与文献分析相结合，通过模拟实验证实：从先秦至唐宋，中国先贤能够利用当时的地磁环境、资源、关于磁石的经验知识和手工艺，制作出多种具有良好性能的天然磁石指向器，这一成果被写成《指南新证——中国古代指南针技术实证研究》。

宝船仿真设计、下西洋航海技术、擒纵机构复原设计和指南针模拟实验研究等新成果值得推介给学术界和广大读者，以丰富和深化我们对科学技术传统和文明演进的认知，并为将来重构科学技术史添砖加瓦。当然，这些成果还存在这样或那样的不足，敬请广大读者不吝赐教。

张柏春

2020年1月8日

于中国科学院中关村基础园区

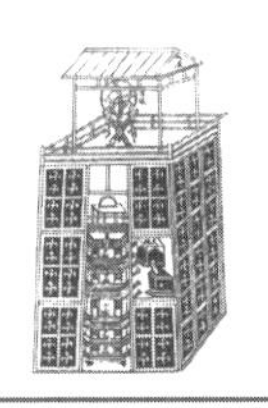

目 录

第一章

绪　论

历史是过去与未来的钥匙。

对机械史发展的探讨，不但可以了解机械科技发展的过程，从中找出其发展的脉络和规律，而且可以推论其发展的趋势。整个机械史包含古代机械史与近现代机械史。那如何打造好这一把钥匙？就古代机械史而言，莫过于复原古机械。在此，首先给出其定义，以作为研究的依据：

古机械的复原是以一个古机械原型为本体，根据当时的机械原理、机械工程及工艺技术等，重新建构此机械。

由复原之古机械可表现出当时的机械科技与工艺水平。然而，由于古籍文献记载的不全与实物的失传，大多数的古机械原型是不可考的，近现代文献中亦没有针对古机械的复原提出一套系统化的解决方法。因此，本章从古机械复原的角度，将古机械进行分类，并提出一套复原研究程序，有系统地进行古机械的复原。最后，定出本研究的目的与内容。

第一节　古机械分类

15世纪以前的中国在机械工程领域有相当的成就，其内容十分丰富，机械的种类很多，其中有许多重大的创造与发明。本节根据史料将古机械分为有凭有据、无凭有据及有凭无据等三类。史料包括古籍文献、历史文物、考古资料以及现存实物。其中，古籍文献是指正史、别史、杂史及野史等古籍的文字与图形；历史文物包括建筑、器具及绘画等古迹文物；考古资料含出土文物上的图文；现存实物则指出土的古机械和传世的真品等。再者，因文献与文物的图形，大都只反映外形，并无内部构造和零件尺寸，更没有制造尺寸，故只能为“凭”，不能为“据”。因此，“凭”是指非实物的史料，“据”则为现存实物，即真品。就其分类概述如下：

一、有凭有据

此类是指史料上有记载且有真品传世的古机械，一般是属于应用较普及的古机械。有些是出土的古机械，并可在古籍中找到其相关的文献记载，如河南三门峡市虢国墓地、新郑市郑韩故城及山西太原市赵卿墓之车马坑出土的东周木车和陕西西安市秦始皇陵兵马俑坑出土的铜镞；有些是因实用性强，发展早且成熟，到现代仍在使用，且在史料中常可看到相关描述的古机械，如水轮、水碓、龙骨水车、扬扇及纺织机械等，其他如簧片锁、被中香炉、古齿轮等皆是。

二、无凭有据

此类一般指出土的古机械，尚未在史料中找到相关的记载。如仰韶文化遗址出土的尖底陶瓶与秦始皇陵出土的铜车马。

三、有凭无据

此类指没有真品留世，而有史料记载的古机械，又可细分为以下三类：

1. 有文有图

历史有名的科技专著，如北宋曾公亮的《武经总要》（有弓弩、抛石机等攻守城器械及战车、战船等各类水陆作战武器装备）、北宋苏颂的《新仪象法要》（天文钟）、元代王祯的《王氏农书》（有耧、耜等各式农器及纺车、织机等纺织器械）、明代宋应星的《天工开物》（有农具、织机、金属冶炼、弓弩等民生器具与生产技术）、明代沈子由的《南船纪》（有黄船、战巡船、桥船等各种民船与战船）、明代茅元仪的《武备志》（有火铳、炮车等攻守城器械及战车、战船等各类水陆作战武器装备）等，对有关的古机械均有较详细的文字记述与图形说明，提供了较丰富的史料。

2. **有文无图**

此类数量不少，如东周鲁班的木车马、东汉张衡的候风地动仪、三国诸葛亮的木牛流马、北宋张思训的太平浑仪、北宋燕肃的指南车及元朝郭守敬的大明殿灯漏等，有关的文献记载大都着重在形制与功能上的描述，对其机构的记述非常简单或有阙如。因此，在复原研究上所面临的问题，需要更广的角度来思考。

3. **无文有图**

史料上亦有一些图形找不到相应的文字记载，如河南汲县出土的战国晚期的铜鉴上的云梯图案等。这类的复原研究与无凭有据相似，但又更困难，对其描绘之机械的考证要更复杂。

第二节　古机械复原研究程序

复原研究的目的，在于古机械原型和其机械工程技术与工艺的建构。针对有据的古机械，其原型可由实物得到，但就有凭无据的古机械而言，因无实物甚至无原图来做验证，其原型常常是含糊不清且不明确的，其复原模型，无以判断真伪，故这类的复原研究对其机械工程技术与工艺的建构，更甚于原型的复原。因此，面对古机械的复原研究要抱持的态度是：科学的实事求是精神，史学的客观评价态度。有几分肯定，做几分工作，对无法考证确认的部分应视为复原设计的一个可变参数。如此复原设计的结果就可能不是唯一的，因此，多样性是必然的结果。面对这些多样的结果，可视为同一时期的古机械演化过程的产物之一。以20世纪80年代的六连杆型越野机车后悬吊机构为例，当时生产的产品主要有三种型号（黄以文，1990）[6-11]（Yan，1998）[28-31]，但技术等级皆差不多。因此，同一功能之机械产品的多样性，是古今皆然的情形。基于这样的认知与态度，本节提出复原研究程序（图1-1），有系统地进行古机械的研究，其步骤说明如下：

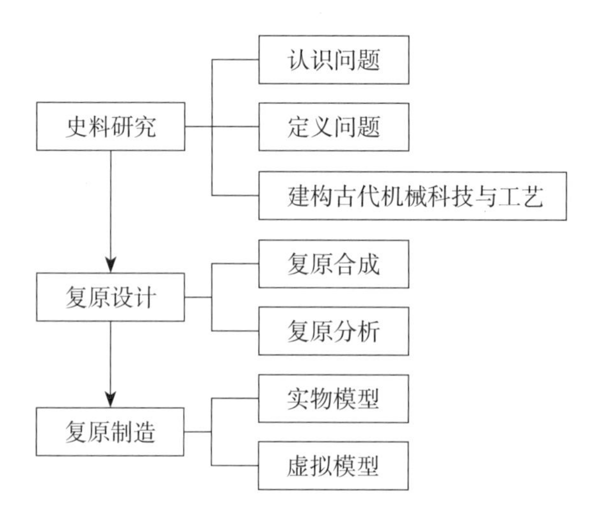

图1-1　古机械复原研究程序

一、史料研究

此步骤是以研究史料来认识问题和建构古代机械科技与工艺，而以现代科学技术理论和方法来定义问题。

1. 认识问题

（1）搜集资料

发掘史料中有关机械史的资料是一项重要的基础工作，其中对考古界发掘的成果更应关注与了解。对研究对象的数据搜集，在时间上包括此机械整个演化的脉络（纵向），与同时期相关的机械工艺（横向）；在空间上也不应限制在中国，对邻国（如日本、朝鲜、越南等）的相关资料的研究也应重视。同时要注意其名称和机械术语的演变，不同的时空背景有着不同的称谓。例如，漏刻在历代各有不同名称，如挈壶、漏、铜漏、漏壶、刻漏及铜壶滴漏等。

（2）研究史料

对史料进行考证、校勘及鉴别是认识问题的第一步。史料中以古籍文献数据最多，然一般较为简略，或有抄写错误，或有夸大不实，但面对古人的科学经验和记录亦不可轻易否定或刻意忽视。考古资料的可靠性最高，历史文物如历代的耕织图和水墨画等皆有极高的参考价值，对现存实物如水轮、纺车等应注意其在形制构造和工艺技术与古机械间的差异性。故应参照各方面的史料，互相补充、校正，进行综合研究，以厘清复原工作的基本问题，如古机械原理、构造、选材原则和制作工艺，以及古代机械术语的含意及其演变。另外还需针对复原机械，就不同阶段与不同区域的演化进行归纳、分析及比较研究，以认识其演化脉络。

2. 定义问题

每个时代有它各自的工程技术语言，其陈述的方法与用语，现代人不见得可以理解。因此，应深刻理解古代机械术语的含意、演变与古机械的机构设计、施工方法及技术工艺，用现代的机械理论与技术，重新定义古机械，赋予其新的生命与意义。

经过研究史料，理解问题、认识问题之后，必须准确地定义问题以引发对问题解答的思考。定义问题包括建立设计规范和阐明设计需求与限制，其目的是把复原设计限定在某种确定的方向，并依据设计需求，以期寻求解决问题的方法。

二、复原设计

上一步骤以现代的机械理论与技术，重新定义古机械，并建立设计规范，目的是将复原设计问题转化为现代机械设计问题，以现代工程设计技术和方法来解决问题。复原设计包括复原合成与复原分析，对有凭有据及无凭有据的古机械复原设计主要在分析，对有凭无据者的复原设计主要在合成。

1. 复原合成

此程序的复原设计不同于传统的是在复原合成，其目的是以一种系统化的方法，合成符合史料研究结果（包含设计规范与古代的科技和工艺水平）的所有设计。

机械合成方法很多，大致可分为四类：第一类是以机构构造为基础发展出来的设计方法（Buchsbaum et al. 1970）（Yan，1992）；第二类是以模块化概念为基础发展出来的设计方法（Kota，1990）；第三类是以演化论的角度发展出来的设计方法（张春林 等，1999）[68-86]（Liang et al. 2000）；第四类是以数据库与经验为基础发展出来的方法（Altshuller，1984）（Terninko et al. 1998）。每一种方法都有其优缺点与不同的适用范围和领域，可交错运用。以古代计时器为例，可先用第四类方法如萃思（TRIZ）来设计可能的方案，如圭表、日晷、水漏、沙漏、香漏、天文钟及机械钟等，就其中的天文钟可用第二类模块化的方法，进行各系统模块的排列组合，对各系统模块再以第一类的创新机构设计方法进行构形合成，有需要者可配合第三类机构演化方法进行机构变异，找出符合古代机械原理与工艺的所有设计。

2. 复原分析

复原分析是指针对有据的真品，以机械工程的分析方法来进行研究和考证。以秦陵地区出土的铜车马与弩、箙等实战兵器之研究的实例而言（杨青，1995），就需要运用机械工程技术进行大量测试、测绘、统计分析、模拟验证与科学推断等分析工作。其中，应用现代测试技术，对铜车马构件和各种实战兵器的几何参数进行精确的测试；对其表面加工质量进行观测分析，获得大量珍贵的原始资料，并绘制机械工程图。复原分析还需用数理统计回归分析的方法及计算机技术，对测得的大量数据进行分析研究，对典型的零组件用仿真制造和实验方法进行对比论证。复原分析的结果是一重要的资料，尤其是为古代科技与工艺的建构，提供可靠的依据。

三、复原制造

复原制造是将第二步骤之复原设计的结果制成模型，模型是整个复原研究的成果与展示，而模型可以分实物模型与虚拟模型。实物模型即以传统方法实际制造出古机械模型，虚拟模型则是利用现代计算机科技来建构古机械模型；不论是实物模型或虚拟模型，均要根据史料研究与复原设计的结果来制造。

虚拟模型可以包括两个阶段，第一阶段是在计算机辅助设计与工程软件（CAD/CAE）的辅助下建构复原模型，并进行动态仿真；第二阶段是将第一阶段建构的计算机实体模型或实物模型，结合虚拟现实技术建构古机械的虚拟环境，令人与古机械如置身古代，并可深入去探索古机械所蕴含的科学技术与制造工艺。由于计算机科技与网络技术不断进步，交互式的网络虚拟环境日趋成熟，古机械虚拟模型的制作可作为建立古机械网络虚拟博物馆的基础工作。

总结整个程序，史料研究目的在建立设计规范、阐明设计需求与限制、建构古代机械科技与工艺；复原设计的复原合成是产出所需的所有构形设计，复原分析的结果可作为进一步研究的重要史料；复原制造是以传统方法或以计算机辅助技术建造复原模型，是整个复原研究的成果与展示。

第三节　研究目的与内容

机械钟是近代欧洲最主要的机械装置之一，在19世纪之前，钟表的制造在机械科技的发展中，占极重要的地位，对现代科学技术的发展影响甚巨。尤其是运用机械原理将时间均等分割的擒纵调速器，被视为欧洲近代机械史最伟大的发明之一，然而根据文献考证，最早的机械钟擒纵调速器创始于中国。

在中国古籍文献中有关机械时钟的记载，以北宋苏颂与韩公廉于元祐年间（1086—1092）所建造的水运仪象台最完整，其是由浑仪、浑象等天文仪器与具报时装置的机械钟组合在一起，以水力驱动的大型天文钟塔（图1–2）。它具有一个水轮秤漏机构，与现代机械钟中的擒纵调速器的功能相同，是用来产生等时性间歇运动的机构，由振荡器与擒纵机构所组成。有关水运仪象台的构造和其零组件形制，都记录在苏颂的《新仪象法要》一书中，为后世留下了极具研究价值的天文与机械等科学技术资料。

20世纪中叶以来，根据《新仪象法要》的文字记载与构造图，刘仙洲、李约瑟、王振铎、康布里奇及后继研究者做了一系列的考证和研究（刘仙洲，1956，1962）（管成学 等，1991）[281-286]（颜鸿森 等，1993）（陈延杭 等，1994）（施若谷，1994）（胡维佳，1994，1997）（李志超，1997）（土屋榮夫 等，1997）（Yan et al. 2000）（Gao，2000），并对水运仪象台的复原作了许多探讨，甚至制作了模型，如表1–1所列。

他们在复原的工作上各自都有某些方面的贡献，但在许多方面仍受到批评和质疑，未能真正令人信服。经过近现代学者的研究，《新仪象法要》的科学技术内容及其在科学技术史上的意义和地位不断得到阐述，水运仪象台的原貌也渐渐地浮现；然而，对于水运仪象台与其水轮秤漏机构的认识仍存在一些问题，须深入探讨，而且过去的研究亦没有针对中国古代擒纵调速器进行较有系统的复原研究，更没有一套系统化的方法去进行复原合成。

表1–1 近现代有关水运仪象台复原模型的制造

年代	制造者	纪要	收藏地
1958	王振铎	1：5 模型	中国国家博物馆（北京）
1962	康布里奇	水轮秤漏装置（1961）与水运仪象台模型	科学博物馆（英国，伦敦）
1988	陈延杭、陈晓	1：5 模型	苏颂科技馆（福建，同安）
1993	自然科学博物馆	1：1 模型	自然科学博物馆（台湾，台中）
1997	土屋榮夫、山田慶兒	1：1 模型	诹访湖时间科学馆（日本，长野）
1997	苏州市古代天文计时仪器研究所	1：10 模型（1997年开始为各博物馆定制不同比例模型的工作）	苏州市古代天文计时仪器研究所（江苏，苏州）

图1–2　苏颂水运仪象台（苏颂，1983）[112]

因此，本研究拟以有凭无据的中国古代擒纵调速器作为一个研究载体，从苏颂《新仪象法要》的剖析着手，再溯其源、追其流。依循前文的复原研究程序来进行，其目的如下：

1. 通过史料研究，理解中国古代计时制度与计时器的发展，以定义出中国古代擒纵调速器的主要模式，进而与欧洲近代机械时钟之擒纵调速器进行比较研究。
2. 提出一套古机械复原设计程序，可根据史料研究来建立中国古代擒纵调速器的设计规范，并归纳出其设计需求与限制，以系统地合成出符合古代机械科技与工艺的所有复原设计模型。
3. 通过计算机将复原设计合成出的构形进行实体模型建构。

本书架构如图1-3所示，其内容说明如下：

第一章　绪论

本章对古机械进行分类，并提出一套古机械复原研究程序，根据此程序可有系统地对各类古机械进行复原研究；确定本文的研究目的与内容。

第二章　中国古代时制与计时器的发展

本章针对中国古代计时科学与技术进行探讨，以了解天文钟与水轮秤漏装置发展的背景，重点在探讨圭表与漏刻的测量精度的重要参数与古人解决相关问题的方法，并作为中国古代擒纵调速器研究的基础。

第三章　水运仪象台的机构分析

本章就水运仪象台的构造与运动进行探讨，以了解其中的水轮秤漏装置、报时系统、计时单位及传动系统的意义与设计，并提出适当可行的运动设计。

第四章　苏颂水轮秤漏装置与近代钟表擒纵调速器的比较研究

本章针对苏颂水轮秤漏装置进行研究，然后以水力、重力与弹力、电磁力等不同动力驱动方式，将擒纵调速器分为三个阶段来做探讨比较。

第五章　中国古代擒纵调速器的复原设计

本章提出一古机械复原设计程序，结合机构创新设计方法和机械演化与变异原理，系统地合成出符合古代科学理论与工艺技术之所有可行的中国古代擒纵调速器复原设计模型。

第六章　总结

总结全文，并展望机械史研究的愿景。

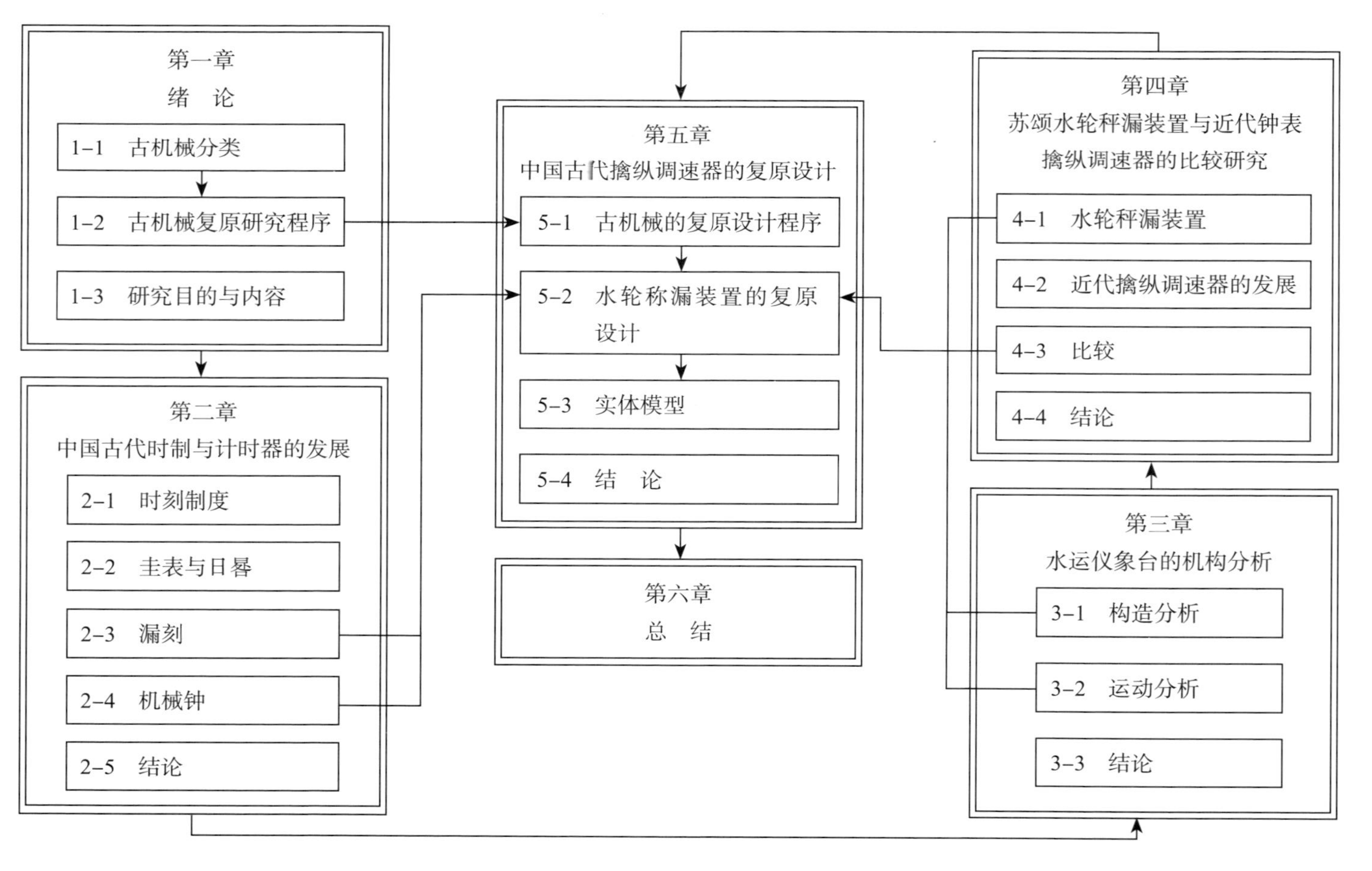
第一章
绪 论
1-1 古机械分类
1-2 古机械复原研究程序
1-3 研究目的与内容
第二章
中国古代时制与计时器的发展
2-1 时刻制度
2-2 圭表与日晷
2-3 漏刻
2-4 机械钟
2-5 结论
第五章
中国古代擒纵调速器的复原设计
5-1 古机械的复原设计程序
5-2 水轮称漏装置的复原
设计
5-3 实体模型
5-4 结 论
第六章
总 结
第四章
苏颂水轮秤漏装置与近代钟表
擒纵调速器的比较研究
4-1 水轮秤漏装置
4-2 近代擒纵调速器的发展
4-3 比较
4-4 结论
第三章
水运仪象台的机构分析
3-1 构造分析
3-2 运动分析
3-3 结论

图1-3 本书架构

第二章

中国古代时制与计时器的发展

在讨论中国古代擒纵调速器之前，有必要对中国古代的计时科学与技术进行较深入的探讨，以了解水运仪象台与水轮秤漏装置的发展背景。因此，本章拟探讨中国古代时刻制度与计时器的发展。

中国古代的时制与古人对时间的认识过程和计时器的使用有关。本章首先讨论更点制度、十二时制、漏刻制三种主要计时制度的产生、用法、相互关系，以说明中国古代计时科学的发展。再者，古人计量时间的方式很多，用于天文观测的计时器有圭表、日晷、漏刻、机械钟等，本章除了对其发展做介绍外，重点探讨影响圭表、日晷和漏刻等计时精度的重要参数与古人为提高其准确度所提出的解决方法，作为研究机械钟的基础。

第一节　时刻制度

中国古代的计时单位为年、月、日、时、刻，其中时和刻是一日的基本单位，时是指时辰，刻是漏壶之箭尺上的分度。中国古代对一日时段的划分并不统一，即使在西汉之后，依然并行着三种时制，即十时制的更点制度、十二时制、漏刻制，且各朝代的时刻划分亦有不同。因此，本节就中国古代时刻制度及其变迁进行探讨。

一、十时制的更点制度

《左传》鲁昭公五年（前537）记载："日之数十，故有十时。"（杜预 等，1981）。《隋书·天文志》记载："昼有朝、有禺、有中、有晡、有夕，夜有甲、乙、丙、丁、戊。"（魏征 等，1983）[526]由此可知，春秋时曾有将一昼夜分为十个时段的方法。后来，由于实际生活的需要，又将时段细分为：夜半、鸡鸣、晨时、平旦、日出、蚤食、食时、东中、日中、西中、晡时、下晡、日入、昏时、夜食、人定，即后来学者所谓的十六时制（张闻玉，1995）（陈久金，1998）。

十时制是中国古代时段划分方式之一，大都是参考太阳的特定方位和人们生活的习惯来作为标准。十时制应是昼夜不等的时制，由于昼夜长短是随太阳所在的赤纬位置而变化，所以不同季节的时段单位是不等长的。这种不等时段自东周战国之后渐渐被等时段的十二时制取代，但夜间的划分法还继续使用，即所谓的更点制度。宋代以后，天文历法中夜间计时方法大都改用十二时辰配合百刻方式，而不用更点制，但民间生活上仍然在使用。

中国古代的更点制度将一夜分为五更，是以昏为入夜，也是起更处，旦是昼的开始，是五更的终点。昏旦之间所包含的总刻数就是夜漏数，也就是一夜五更的总刻数。同一夜的更点刻数是相等的，夜漏数除以五为每更刻数，再除以五则为每点刻数；《金史·历下志》记其计时法为"如不满更法为初更，不满点法为一点"（脱脱 等，1976）[495]。在历代历法上都载有二十四节气之日出、日入时刻表或昏旦时刻表，昏旦时刻与日出、日入时刻之差有固定关系。这固定值在东汉四分历之后皆为二刻半，即日入后漏二刻半为昏，日出前漏二刻半为旦。更、点的名称在历代亦有所不同，五更又称五夜或五鼓，点的别名有筹和唱之称，但分法皆同。

二、十二时制

物质之运动是空间与时间两种概念的表现。古人观象授时，便是在描述天体的运动，以授予人们时间观念。

在春秋战国时代，天文历算学家为了研究的需要，将天球沿天赤道划分十二等分的天区，称为十二星次，后与表示地上之十二方位的十二辰相对应。这十二辰本是一个空间概念，后被用来描述天体的运动轨迹，因而成了一种时间的观念，如图2-1（a）。之后更精细的二十四方位制也被用来表示时间，尤其是在南北朝时经常使用，如图2-1（b）。

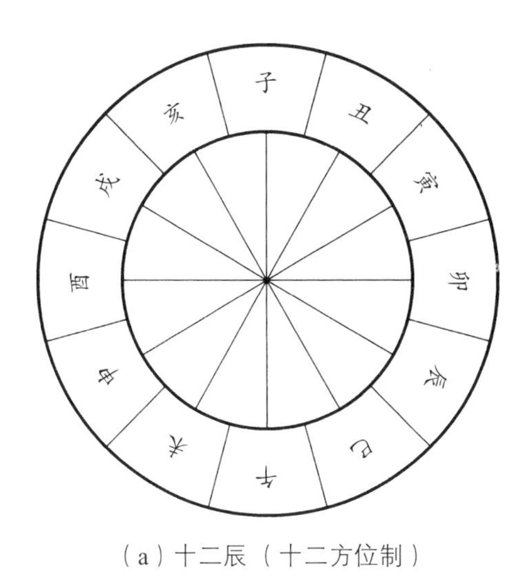

（a）十二辰（十二方位制）

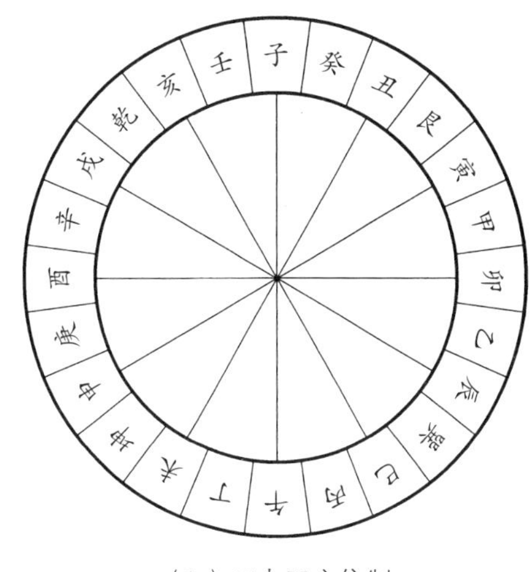

（b）二十四方位制

图2–1　中国古代的十二辰与二十四方位制

唐代以前使用的十二时辰或十二方位，为记载得更详细准确，又将其划分为更细的单位，将一基本单位分成四份，以少、半、太等名称来表示，其后又将每个四分之一等分，以强弱的名称区分为三等分，所以一基本单位可细分为十二小等分，表2–1就一时辰而言，列出四小等分与十二小等分的对应名称，其中每十二分之一等分等于现今的十秒。其纪时的划分方法，在《晋书·律历志》中记载较为详细："推加时：以十二乘定小余，满日法得一辰，数从子起，算外，则朔望加时所在辰也。有余不尽者四之，如日法而一为少，二为半，三为太。又有余者三之，如日法而一为强，半法上排成之，不满半法废弃之。以强并少为少强，并半为半强，并太为太强。得二强者为少弱，以之并少为半弱，以之并半为太弱，以之并太为一辰弱。以所在辰命之，则各得其少、太、半及强、弱也。"（房玄龄，1976）[548–549]

表2–1　一时辰细分为四等分与十二等分的对应名称

一时辰			**少**		
0			1/4		
弱	一时辰	强	少弱	少	少强
–1/12	0	1/12	2/12	3/12	4/12
半			**太**		
1/2			3/4		
半弱	半	半强	太弱	太	太强
5/12	6/12	7/12	8/12	9/12	10/12

十二时制源自古人观察太阳所在方位来决定时刻，其纪时方式，从日加某方位或时加某方位，最后简称某时，例如“日加卯”“时加卯”“卯时”。这种计时方式最早出现在西汉时文献，如《周髀算经》言“日加酉之时……日加卯之时”（赵爽 等，1965）[56]；《汉书·翼奉传》言“日加申”，又言“时加卯”（班固，1983）；而《吴越春秋》亦云“今日甲子时加于已”（赵晔，1978）。至《南齐书·天文志》始有“子时”“丑时”“亥时”等之十二时辰的时称（萧子显，1983）。到了北宋中期，一时辰又划分为“时初”“时正”两个时段，与现行的二十四小时制相一致，其关系如表2–2所示。

表2–2　十二时辰制与二十四小时制的对应关系

十二时制	子		丑		寅		卯正	
	子初	子正	丑初	丑正	寅初	寅正	卯初	卯正
二十四小时制	23—1		1—3		3—5		5—7	
	23	0	1	2	3	4	5	6
十二时制	辰		巳		午		未	
	辰初	辰正	巳初	巳正	午初	午正	未初	未正
二十四小时制	7—9		9—11		11—13		13—15	
	7	8	9	10	11	12	13	14
十二时制	申		酉		戌		亥	
	申初	申正	酉初	酉正	戌初	戌正	亥初	亥正
二十四小时制	15—17		17—19		19—21		21—23	
	15	16	17	18	19	20	21	22

三、漏刻制

《隋书·天文志》：“昔黄帝创观漏水，制器取则，以分昼夜。其后因以命官，周礼挈壶氏则其职也。其法，总以百刻，分于昼夜。”（魏征 等，1983）[526]由此可知，中国古代的漏刻是实行百刻制的（阎林山 等，1980）。然而，战国以前漏刻的计时方式，并不见明文记载。《周礼注疏》郑玄注：“分以日夜者，异昼夜漏也。漏之箭，昼夜共百刻，冬夏之间有长短焉，太史立成法有四十八箭。”（阮元，1989）[1832]又贾公彦疏云：“此据汉法而言。”（阮元，1989）[1832]但历代各历法之漏刻制并非全用百刻制，参见表2–3。

漏刻制度主要是解决昼漏和夜漏刻度的分配与箭尺的更换问题。

表2-3 历代漏刻所使用的刻数

年代	刻数
战国时期—西汉哀帝建平元年（约前400—前6）	100
西汉哀帝建平元年6—8月（前6）	120
西汉哀帝建平元年—孺子婴初始元年（前6—8）	100
新莽始建国元年—东汉光武帝建武元年（9—25）	120
东汉光武帝建武元年—梁武帝天监六年（25—507）	100
梁武帝天监六年—大同十年（507—544）	96
梁武帝大同十年—陈文帝天嘉年间（544—约560）	108
陈文帝天嘉年间至明末（约560—约1644）	100
清初至今（约1645至今）	96

1. 昼漏和夜漏刻度的分配

因不同季节昼夜长短不等，古人分昼漏和夜漏两种，不同季节昼夜时刻的分界点要经过具体测量而制定，古人定“日未出前二刻半而明，既没后二刻半乃昏”（魏征 等，1983）[526]。从昏至旦的刻数为夜漏刻数，百刻减夜漏刻数即为昼漏刻数，一般皆以正午为起漏之时。

昼夜漏皆随气增损，其法：“梁《漏刻经》：‘冬至昼漏四十五刻。冬至之后日长，九日加一刻，以至夏至，昼漏六十五刻。夏至之后日短，九日减一刻。或秦遗法，汉代施用。’”（徐坚，1972）[1330-1332]后因“官漏刻率九日增减一刻，不与天相应，或时差至二刻半”（范晔，1977）[3032]，遂于建武十年（34年）改为“漏刻以日长短为数，率日南北二度四分而增减一刻”（范晔，1977）[3032]，因日行有迟疾，而根据太阳南北移动实际方位以决定昼夜漏刻数，相较于九日增减一刻来得精密些。

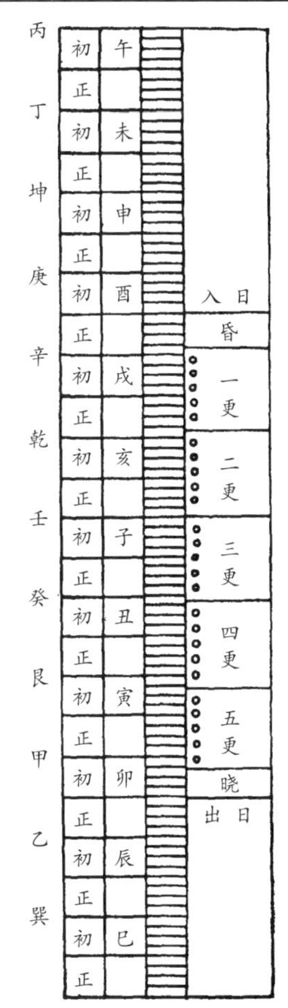

图2-2 漏刻的箭刻图式之一
（孙逢吉，1993—1995）

2. 箭尺的更换

换箭主要是因为冬夏之间，夜有长短，不能只用一种方法测之。自古先后用四十一箭和四十八箭，如图2-2所示。所谓四十一箭者“冬夏二至之间，昼夜长短，凡差二十刻，每差一刻为一箭，冬至互起其首，凡有四十一箭”（魏征 等，1983）[526]。所谓四十八箭者“盖取倍二十四气也”（王应麟，1986），“以一年有二十四气，每一气之间又分为二，通率七日强半而易一箭”（郑玄 等，1971），即为太阳南北移动二度换一箭的制度。

四、十二时制与百刻制间的配合

十二时与百刻之数并不成整数倍的关系，两者的配合较为困难。因此，自东汉以来，历代都有提出改革漏刻制的意见，改百刻为十二倍数之数，如九十六、一百零八、一百二十，有实践施行者如表2-3所示，然时间都不长。

漏刻制度中亦将每刻细分较小的刻度，虽然在历法的计算中，由于各历法所用的数据不同，因此，不同的历法有不同的分法。但在实用上，自汉代到南北朝将每刻分为十分，隋唐以来，十二时制与百刻制二者配合运用日益明显，故每刻细分之数，必为十二之倍数。有每刻为二十四分或六十分，其中大都采用一刻为六十分，又因隋唐漏刻发展上已使用多级补偿式浮箭漏，精度上也得到进一步改善，提供了一刻为六十分的客观条件。两者配合之法即为：“昼夜百刻，每刻为六小刻，每六小刻又十分之故，昼夜六千分，每大刻六十分也。其散于十二辰，每一辰八大刻，二小刻，共得五百分也。此是古法。”（黄晖，1990）

到了北宋中期，一时辰又划分为时初、时正两个时段，则每小时得四大刻又一小刻，即“每时初行一刻至四刻六分之一为时正，终八刻六分之二则交次时”。（脱脱 等，1983）[1746-1747]表2-4和表2-5分别为一时辰各刻数与现行二十四小时制的对应关系。到清初时宪历施行后，遂改百刻为九十六刻，每时辰即得八刻。

表2-4 不分时初、时正之一时辰各刻数与现行二十四小时制对应关系

十二时制	初刻	一刻	二刻	三刻
二十四小时制	0分—14.4分	14.4分—28.8分	28.8分—43.2分	43.2分—57.6分
四刻	**五刻**	**六刻**	**七刻**	**八刻**
57.6分—1小时12.0分	1小时12.0分—1小时26.4分	1小时26.4分—1小时40.8分	1小时40.8分—1小时55.2分	1小时55.2分—2小时

一大刻＝六十（古）分＝14.4分；一（古）分＝14.4秒。

表2-5　分时初、时正之一时辰各刻数与现行二十四小时制对应关系

初初刻	初一刻	初二刻	初三刻	初四刻
0分—14.4分	14.4分—28.8分	28.8分—43.2分	43.2分—57.6分	57.6分—60分
正初刻	**正一刻**	**正二刻**	**正三刻**	**正四刻**
0分—14.4分	14.4分—28.8分	28.8分—43.2分	43.2分—57.6分	57.6分—60分

第二节　圭表与日晷

时间是什么？或许物理学家与哲学家有许多不同的解释，然而人类对时间的认知是来自宇宙间天体的规律性运动。地球自转引起昼夜交替，公转产生四季循环。古人利用日光或星光将天体运动轨迹转换到圭表或日晷的圭（晷）面上，以现在的观点，是一种运动坐标转换的问题。以圭表为例，如图2-3所示，其中，$(OXYZ)_S$是表示太阳坐标系，$(OXYZ)_E$是表示地球坐标系，$(OXYZ)_G$则为圭表坐标系。就太阳系而言，实际的天体运动关系是以太阳为固定坐标系，地球绕Z_S轴作一旋转运

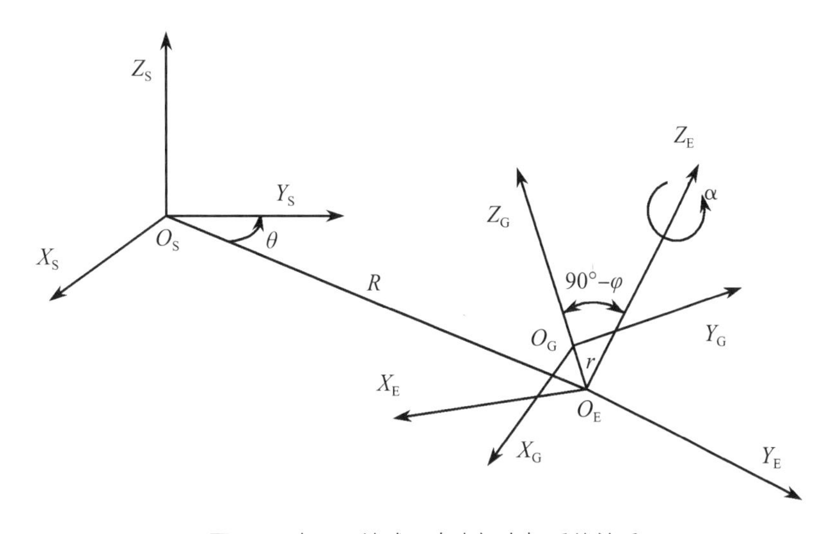

图2-3　太阳、地球及圭表间坐标系的关系

动，角位移为θ，$\dot{\theta}$为地球公转速度；同时，地球亦绕Z_E轴作一自转运动，角位移为α，$\dot{\alpha}$则为地球自转速度；再者，φ为圭表的地理纬度，R为太阳与地球的距离，r为地球半径，而$\dot{\theta}$、$\dot{\alpha}$、R、r皆视为常数。因此，若以圭表为固定坐标系，则太阳的运动除每日随天球做东升西落的均匀运动外，同时相对于天球则是沿着黄道的轨迹做规律的周期运动。

由于制订历法的需要，促使圭表不断发展，而古人亦经历漫长的时间在探索。本节就圭表的参数变化，来探讨其功能和发展，借此窥探古人在天文思想上的变化与科学技术的进步，并探讨圭表在时间功能上的演变，以了解其与时制间的关系。

一、圭表的功能

圭表之应用乃是利用运动坐标转换原理，用来观测太阳与地球间相对的运动，即在处理太阳与地球间的时间与空间问题，由此可以测量空间、辨正方位、度量时间、定节气。

1. 测量空间与辨正方位

测量空间：包括测量地理纬度与黄赤交角，是利用地球因公转所产生的晷影变化。

测地理纬度：用圭表测量某地之冬夏二至表影长度，可推得天赤道方位，天赤道与圭表（天顶）的夹角即是其地理纬度φ，如图2–4所示。《周礼注疏·大司徒》所谓的测土深即是在测地理纬度，然受限天圆地方的思想，故有“以土圭之法，测土深，正日影，以求地中”（阮元，1989）[1513]及“凡建邦国，以土圭土其地而制其

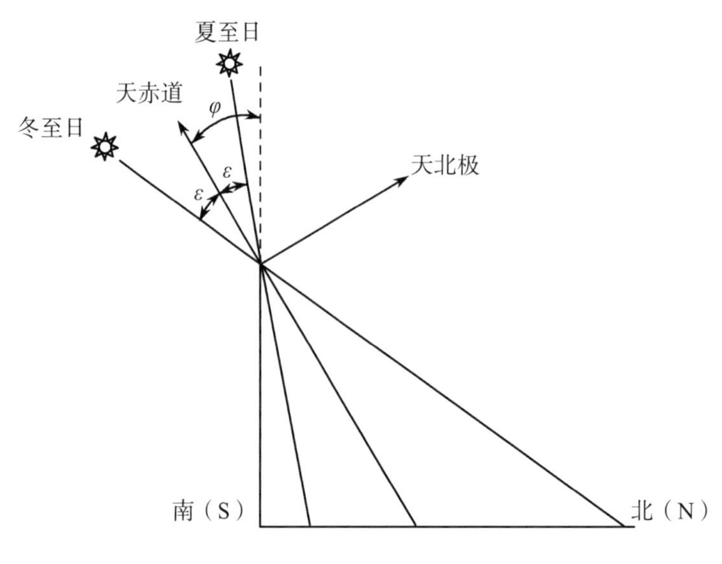

图2–4　圭表测量空间的方法

域”（阮元，1989）[1517]的说法。而“土其地而制其域”是以夏至或冬至正午表影定某地的南北位置和国土疆界，所以有“日景于地，千里而差一寸”（阮元，1989）[1515]之说。这种说法与实测结果存在相当之差距，但直到唐朝一行和尚进行世界上第一次子午线实测的工作，才正式证明其说的错误（陈美东，1986）。

测黄赤交角：黄赤交角是天文常数之一，是指黄道与天赤道的交角，用ε表示。中国古代对其测量方法有二：一是用浑仪直接测量冬夏二至太阳的去极度而得；二是用圭表测量冬夏二至的表影长度而得，如图2–4所示。

辨正方位：即是利用地球因自转所产生的晷景变化来确定方向。连接日出和日没的表影端，或者上下午同长的表影端，即为正东西方向；平分两表影的夹角，即得正南北方向，如图2–5所示。《周髀算经》记述为：“以日始出，立表而识其晷，日入复识其晷，晷之两端相直者正东西也。中折之指表者，正南北也。”（赵爽 等，1965）[56]《考工记》与《淮南子》（刘安，1967）[25]也都有类似的记载。

2. 度量时间与定节气

度量时间：即利用地球因自转所产生的晷景变化来度量时间。测量表影到达圭面的时间即是量测日中时的准确时刻，故圭表可作为漏刻等其他计时器的校准器。《史记·司马穰苴列传》的“穰苴先驰至军，立表下漏待贾”（司马迁，1981）[733]是最早记载圭表用于度量时刻的方法。

定节气：即利用圭表所测到的中午表影，知道太阳在黄道上的对应位置，从而决定当时的节气。

测量回归年：太阳连续两次通过冬至点所需要的时间间隔称为回归年，古称岁实。《后汉书·律历志》：“历数之生也，乃立仪表以校日景。……日发其端，周而为岁，然其景不复，四周千四百六十一日，而景复初，是则日行之终。以周除日，得三百六十五四分度之一，为岁之日数。”（范晔，1977）[3057]

二、圭表的发展

圭表是由垂直的表和水平的圭组成的。圭表的发展比较缓慢，主要原因是受到外在参数的影响。这些外在参数是指对天球结构的认知与对光学技术的掌握等方面。因此，这些影响直接导致圭表表高的变化。以下就通过圭表主要参数的变化来了解圭表的发展。

1. 材料

圭表最早使用木材制作，自汉以来，始用铜表，而圭的材料一般是用石材或

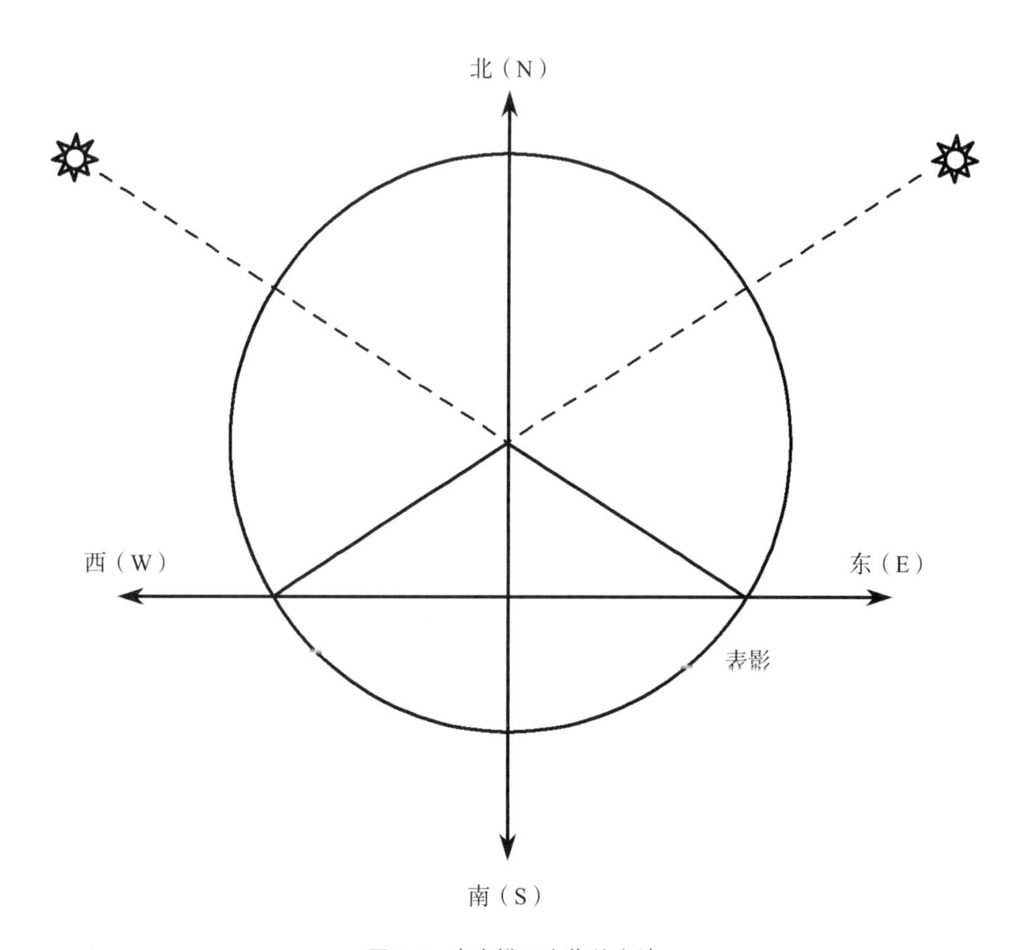

图2-5　圭表辨正方位的方法

铜，《宋书·律历志》载，祖冲之称“铜表坚刚，暴润不动，光晷明洁，纤毫尽然”（沈约，1975）。这显示古人已注意到材料的物理变化对圭表量测精度的影响，而铜质圭表之于木质者，其物理特性要好些。

2. 圭表的安置

圭表的安置需要注意表的垂直度、圭面的水平度、圭中线和子午线的重合度。古人很早就总结出了圭表安置的要诀，《考工记》载：“匠人建国，水地以县，置槷以县，视以景。为规，识日出之景与日入之景。昼参诸日中之景，夜考之极星，以正朝夕。”（阮元，1989）[2004]后来随着新技术与方法的使用，圭表的测量精度不断提高。在定圭面的水平度方面，《隋书·天文志》载“梁天监中，祖暅造八尺铜表，其下与圭相连。圭上为沟，置水以取平正”（魏征 等，1983）[524]，其后皆不出其制。

在定中线和子午线重合度方面，《淮南子》（刘安，1967）[25]、南北朝祖暅、北宋沈括皆以三表并用来定南北方向，但方法互有差异，其中祖暅的方法为：“先验昏旦，定刻漏，分辰次。乃立仪表于准平之地，名曰南表。漏刻上水，居日之中，更立一表于南表影末，名曰中表。夜依中表，以望北极枢，而立北表，令参相直。三表皆以悬准定，乃观。三表直者，其立表之地，即当子午之正。”（魏征 等，1983）[522-523]

3. 表的高度

圭表表高的变化，体现了天文思想与科学技术的进步。

立表的高度与地理纬度决定了冬夏二至等节气的表影长度。中国古代最早使用八尺之表，虽然史料没有记载，但据考证，应始于公元前9世纪左右，或东、西周之交（陈美东，1986）。秦朝之后仍大都用八尺之表的古制。故《周礼注疏》记载“夏至景尺有五寸，冬至景丈三尺”（阮元，1989）[2004]的数据，一直到魏晋之前，仍影响着圭表测影的工作。

《隋书·天文志》记载梁大同十年（544年）太史令虞劆“用九尺表，格江左之景。夏至一尺三寸二分，冬至一丈三尺七分”（魏征 等，1983）[524]。他以改变表高与立表的地理纬度的办法，取得了新数据，这不但打破八尺之表的陈规，亦突破了长期沿用之冬至、夏至影长的数据。其意义不仅在于精度的提高，而且在于天文思想的进步，使得实测结果能挣脱长期以来的禁锢，促进了天文历法的发展。元朝时，郭守敬因掌握了针孔成像等光学技术，克服了表高影淡的缺点，建造了四十尺高表，观测精度也大为提高，制订了精准的授时历。明万历年间，邢云路建造了中国古代最高的六十尺高表，其所测得的回归年长度（365.242190日）是中国古代最精确的。至清代则开始使用十尺表。

4. 光学仪器的运用

“按表短则分寸短促，尺寸之下所谓分秒太半少之数，未易分别；表长则分寸稍长，所不便者景虚而淡，难得实影。”（宋濂，1977）[996]传统惯用的八尺之表，其表影的量测一般能得到实影，然日影之差行，当冬夏二至前后，进退在微芒之间，以及影长的测定因太阳之于圭表并非点光源，造成表端的影子有本影和半影之分与日光的散射等影响，若没有测影技术的改进或表高的增长，无法有效地提高测影精度。在前人所提出的改革中较重要而具体的有北宋沈括的《景表议》、苏颂的浑仪圭表及元朝郭守敬的高表。

（1）沈括的《景表议》

北宋熙宁七年（1074年），在沈括上奏的《景表议》中，对圭表提出了两项在光学技术上的改进。其一是针对日光散射问题提出的改善，“为密室以栖表，当极为霤，以下午景，使当表端”（脱脱 等，1983）[965–966]；其二是以一副表解决半影所造成影虚而淡的问题，“副表并趺崇四寸，趺博二寸，厚五分，方首，剡其南，以铜为之。凡景表景薄不可辨，即以小表副之，则景墨而易度”（脱脱 等，1983）[965–966]。

（2）苏颂的浑仪圭表

北宋苏颂于元祐年间（1086—1092）建造了水运仪象台，将浑仪与圭表两个重要的测天仪器结合在一起，其巧妙之处是以望筒根据光的直进原理，将正午的阳光直接照射在圭面上，可以相对地提高测量的精度。其方法在《新仪象法要》中有详细记载“常于午正以望筒指日，令景透筒窍至圭面，以窍心之景指圭面之尺寸为准”（苏颂，1983）[129–130]，则：“望筒所以上考时刻，五星留逆徐疾，日道升降，去极远近；圭面所以下候二十四气晷景之长短。二法相参，则气象与上象相合，考正历数，免有差舛。”（苏颂，1983）[130]

（3）郭守敬的高表

圭表之法，表短则分秒难辨，表长则晷影虚淡。郭守敬所以立四丈之表，乃是使用横梁与景符之故。横梁是用来取日中之景；景符是一个利用针孔成像原理的光学装置。景符可以在圭面上移动并调节其铜片的倾角，当太阳、横梁及铜片上的小孔等三者恰成一直线时，在圭面上正好可以看到太阳的像，并在日像的中间有一清晰的横梁影像，如此可以精确地测得日面中心在圭面上的位置。为操作方便，景符上的圆孔后人曾改以直缝取代之（张廷玉 等，1975）[362–363]。据《元史·天文志》

及《明史・天文志》记载横梁、景符其制分述如下。

横梁："上高三十六尺。其端两旁为二龙，半身附表上擎横梁，自梁心至表颠四尺，下属圭面，共为四十尺"（宋濂，1977）[996]，"日体甚大，竖表所测者日体上边之影，横表所测者日体下边之影，皆非中心之数"（张廷玉 等，1975）[362-363]，"今以横梁取之，实得中景，不容有毫末之差"（宋濂，1977）[997]。

景符："景符之制，以铜叶，博二寸，长加博之二，中穿一窍，若针芥然。以方框为趺，一端设为机轴，令可开阖，榰其一端，使其势斜倚，北高南下，往来迁就于虚梁之中。窍达日光，仅如米许，隐然见横梁于其中。"（宋濂，1977）[997]

三、日晷

日晷是在圭表的基础上演变出的一种由晷针与晷盘组成的计时器，也叫太阳钟。用来测量一天时刻与一年节气的变化，中国古代的日晷主要的形制有地平式与赤道式日晷。

1. 地平式日晷

地平式日晷是指晷面与地平面平行，晷针指向天顶的日晷，因晷面与天赤道面并非平行，太阳周日视运动转换至晷面的晷影运动并非线性等速的旋转运动，对不同节气间晷影变化也非均匀。因此，地平式日晷的晷面必须在使用其他计时器进行精确计时的条件下，根据表影随时间变化的实际情况来进行刻划。

中国古代关于地平式日晷的文献史料极少，亦未描述其形制。由《史记・司马穰苴列传》的"立表下漏待贾"（司马迁，1981）[733]与出土的秦汉晷仪（李鉴澄，1978）来看，地平式日晷最初形式应是用来校正漏刻的。《隋书・天文志》中记述，袁充之短影平仪的地平式日晷将晷面均布十二时辰，试图改变当时的均等时制，作法虽受非议，但也说明尚未找到对地平式日晷晷面刻度复杂性的解决办法（魏征 等，1983）[527-528]。而明末崇祯时的平面日晷是一种改进的地平式日晷（图2-6），即为欧洲平面日晷的形式。《明史・天文志》记载此日晷之大略为："日晷者，砻石为平面，界节气十三线，内冬夏二至各一线，其余日行相等之节气，皆两节气同一线也。平面之周列时刻线，以各节气太阳出入为限。又依京师北极出地度，范为三角铜表置其中。表体之全影指时刻，表中之锐影指节气。"（张廷玉 等，1975）[361-362]这是中西文化交流的产物（郭盛炽，1998）。

2. 赤道式日晷

赤道式日晷的晷面与天赤道面平行，因此太阳的视运动转换到晷面的晷影运动

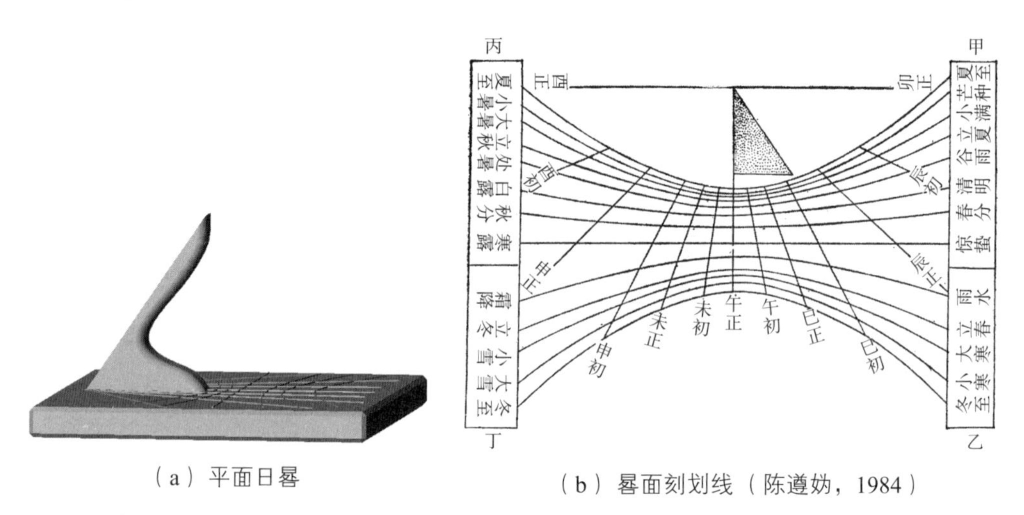

（a）平面日晷

（b）晷面刻划线（陈遵妫，1984）

图2-6　西式的地平日晷

是均匀等速的旋转运动。最早的文献记载是北宋曾南仲的日晷，《独醒杂志》记其制为："以木为规，四分其广，而杀其一，状如缺月，书辰刻于其旁，为基以荐之，缺上而圆下，南高而北低。当规之中，植针以为表。表之两端，一指北极，一指南极。"（曾敏行，1985）如图2-7所示。其发明应源自浑仪的发展。中国古代天文学主要是采用赤道坐标系，到北宋皇祐浑仪时将时刻标示在与天赤道面平行的天常环上，在这基础上，南宋曾南仲创制了晷面如天常环可以均布十二时辰与百刻的赤道式日晷。

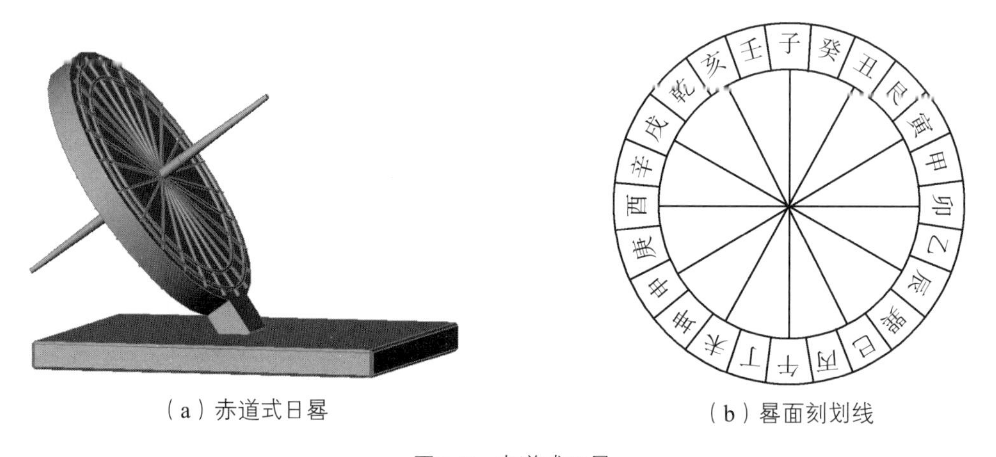

（a）赤道式日晷

（b）晷面刻划线

图2-7　赤道式日晷

元朝郭守敬的仰仪则是另一形式的球面日晷，相当于仰釜日晷（伊世同，1986），如图2-8所示，不同之处是仰釜日晷将仰仪位于球面中心的玑板改为尖顶的晷针。仰仪玑板中央的成像小孔随时保持处于仰釜的球面中心，由于其利用针孔成像原理将太阳通过小孔在内球面上成像，以标示太阳在球面的方位和高度。因此，它比日晷的使用范围更广，可以用来测定真太阳时刻、太阳的球面视位置和见食过程。《元史·天文志》记载："仰仪之制，以铜为之，形若釜，置于砖台。内画周天度，唇列十二辰位。盖俯视验天者也。"（宋濂，1977）[993]

图2-8　韩国首尔景福宫的仰釜日晷（欧峰铭摄）

四、结语

圭表之应用乃是利用天体运动坐标转换原理，来观测太阳与地球间相对的运动，由地球公转和自转所造成的参数变化可以测量空间、辨正方位与度量时间、订定节气。

圭表是由垂直的表和水平的圭组成。其构造参数不多，然而综观圭表的发展却是缓慢的，主要是受限于对天球结构的认知与对光学技术的掌握等因素。尤其以对天球结构的认知影响甚巨，人类对太阳系演进的观察常常是由描述理论到运动定律的发现，最后建立一个数学模式，其目的是在建造一个可运行的宇宙模型，应用这样一个可运行的模型，可以更精确地描述自然现象。中国古代的宇宙模型限制了圭表和浑仪等测天仪器的发展，但它们也随着实测经验的累积与测量技术和方法的改进而发展。由圭表的发展来看，现代的宇宙模型与测天仪器的关系和发展如同中国古代天球模型之于圭表。

在掌握光学技术方面，北宋沈括建密室、置小表，苏颂以望筒取端日光，皆可克服圭影虚淡的问题，并提高测量精度。元朝郭守敬因掌握了针孔成像等光学原理，不再测量表端投影，而改测附在表端上横梁在圭面上的成像，并创制了高表。仰仪的成像技术更可表现出太阳在天球中的视运动与日食过程，这些技术造就了《授时历》的高度精准。

第三节　漏　刻

漏刻是中国古代官方主要的计时器，民间应用也相当普及。广义的漏刻包括水时计漏刻、火时计漏刻（香漏）、沙时计漏刻（沙漏）、木漏（碑漏、星丸漏）等，狭义的漏刻指水时计漏刻。

一、漏刻的发展

中国古代漏刻的高度发展，除了因为它在社会活动中的重要性，也因为漏刻是中国古代主要的天文计时仪器。古代对天文历法十分重视，要准确的天象观测，精密的历法修订，就必须要有较高精度的天文观测仪器。因此，古代天文学的发展，促进了漏刻的研发与进步。水时计漏刻是以水量的变化来计量时间，在形制上主要有下漏（泄水型）、浮漏（受水型）、秤漏（权衡型）。重要的实物、记载与发明如表2-6所列。主要的发展顺序是单壶泄水型沉箭漏、单级受水型浮箭漏、二级补偿式浮箭漏、三级补偿式浮箭漏、秤漏、四级补偿式浮箭漏、漫流式浮箭漏。

表2-6　中国古代漏刻的重要实物、记载与发明

年代	名称与形制	重要文献	纪要
西汉中期（前130—前65）	兴平铜漏单壶，泄水型沉箭漏	《考古》1978，第1期	1958年于陕西兴平汉墓出土，藏于陕西茂陵博物馆。 外形为圆桶形，素面，上有提梁盖，下有三足，壶底端突出一出水嘴。盖与梁中央有正对应之长方形插尺孔。
汉景帝三年—汉武帝元鼎四年（前154—前113）	满城铜漏单壶，泄水型沉箭漏	《考古》1972，第1期	1968年于河北满城西汉中山靖王刘胜墓出土，藏于中国社会科学院考古研究所。 外形为圆桶形，下有三足，近壶底端有一水管外通。

（续表）

年代	名称与形制	重要文献	纪要
汉武帝天汉四年—后元二年（前97—前87）	巨野铜漏	《考古学报》1983，第4期	1977年于山东巨野西汉墓出土，藏于山东巨野县文化局。 器作圆桶形，素面，腹中部饰有两对称铜环，近器底有一圆孔。
汉成帝河平二年四月（前27）	千章铜漏单壶，泄水型沉箭漏	《考古》1978，第5期	1976年于内蒙古伊克昭盟（今鄂尔多斯市）杭锦旗沙丘出土，藏于内蒙古自治区博物馆。 壶身作圆桶形，下为三蹄形足，盖与梁中央有正对应之长方形插尺孔。
东汉年间（约132）	张衡浮漏，二级补偿式浮箭漏	《初学记》	文献记载最早使用二级浮箭漏者。 基本上解决了漏壶水位的稳定问题。
晋朝（265—420）	惠远莲花漏	《月令广义》	一种简易民用漏刻。
东晋（约360）	三级补偿式浮箭漏	《漏刻铭》	晋孙绰《漏刻铭》是最早记载三级补偿式浮箭漏之文献。 何承天、祖暅、朱史之漏刻应为此制。
北魏（约450）	李兰秤漏	《初学记》	为隋唐主要计时器之一。
梁天监六年（507）	祖暅漏刻	《新刻漏铭》	改变漏壶方圆之制。 改进流管方式以减少水面波动。
隋大业年间（约610）	大业秤水漏器	《隋书·天文志》	耿询和宇文凯仿李兰所制之秤漏。 自此秤漏成为皇家计时器与天文计时仪器。
唐初（约650）	吕才漏刻，四级浮箭漏	《六经图》	四级浮箭漏计时精度与三级浮箭漏者改善不大。
北宋天圣八年八月（1030）	燕肃莲花漏	《宋史·燕肃传》《玉海》	首次采用漫流平水法。结构与二级补偿式浮箭漏相似，与晋代惠远莲花漏完全不同。
北宋皇祐初期（约1050）	皇祐漏刻（舒易简、于渊、周琮）	《宋史·律历志》	针对燕肃莲花漏进行改进。用平水重壶均调水势，平水重壶是以隔板将平水壶一分为二，即似后来沈括浮漏的复壶。
北宋熙宁七年（1074）	沈括玉壶浮漏	《宋史·律历志》	结构与皇祐漏刻相仿，主要不同在于漫流的方式和流管的形制。玉壶浮漏将二级平水壶缩为一个复壶，仍为二级漫流系统。

（续表）

年代	名称与形制	重要文献	纪要
北宋末，南宋初（约1127）	王普漏刻	《宋史·律历志》《玉海》	在二级补偿壶下加一漫流平水壶，结合多级补偿法与漫流平水法，成为一漏刻标准型式。
北宋末，南宋初（约1127）	孙逢吉几漏	《准斋心制几漏图式》	小型民用漏刻。其箭刻样式图是仅存的两套中国古代全年箭刻样式图之一。
南宋绍兴三十二年（1162）	韩仲通漏刻	《铜壶漏箭制度》	形制按皇祐漏刻之制制作。《铜壶漏箭制度》是研究漏刻史重要资料，其箭刻样式图是仅存的两套中国古代全年箭刻样式图之一。
元延祐三年（1316）	延祐漏刻 多级浮箭漏	《广州府志》	现存最早之中国古代多级浮箭漏，现陈列于中国国家博物馆。另一元代漏壶（只是一套中的一件）现存于南京博物院。
明朝（1368—1644）	多级浮箭漏		现存一只明代漏壶（只是一套中的一件）现存于南京博物院。
清乾隆十一年（1746）	交泰殿漏刻，多级浮箭漏	《钦天监会典》	清代现存两个刻漏之一，藏于故宫博物院。
清嘉庆四年（1799）	皇极殿漏刻，多级浮箭漏	《钦天监会典》	清代现存两个刻漏之一，藏于故宫博物院。

二、漏刻的原理与技术

漏刻的基本原理是应用容器中一定量的水，通过一定横断面的管子的流量来计量时间。因此，漏壶流量的稳定性是决定时间计量精确度的关键因素，由流体力学的理论得知，理想漏壶流量（Q）的公式为（华同旭，1991）[129-131]：

$$Q=\mu S(2gh)^{0.5} \quad (2\text{-}1)$$

其中，μ为流管流量系数，与流管尺寸、流体的黏滞系数（η）有关，随不同流管型式有不同的计算公式；S为流管出水口内横截面积；g为重力加速度；h为水位高度。

中国古代在长期使用漏刻的过程中，已知道了漏壶中水流量与水位、黏度、流管、水质等有关，也体会到管理操作的重要性。古人为提高计时的精确度，对漏刻的理论与技术问题做过许多研究，曾出现过许多专著，虽失佚者多，但也存留许多珍贵的资料，如北宋沈括《浮漏议》（脱脱 等，1983）[962-964]、宋朝孙逢吉《职官分纪》，这是人类对漏刻之类的流体力学在理论和技术上实践的宝贵成果。在技术上，古人基于理论上的研究与认识，采取一系列有效的技术措施，使各物理要素对漏壶流量的影响降到最低的程度。如保持水位稳定的方法有：增大漏壶横截面积、多级补偿法、秤漏补偿法、漫流平水法、减小和消除水流波动。控制温度的措施有：使用井水，专井专用、重房深宫，确保室温稳定；采取多箭制，适应温度变化；精心制漏调壶，消除温度影响，并保持流管的通畅与水质的纯净。有关漏刻的研究，近现代学者不论是在理论上或实践上均做了许多的工作（李广申，1963）（陈美东，1982）（李志超，1982）（王振铎，1989）（华同旭，1991）[145-214]，此处不再赘述。本节只就秤漏和浮漏的稳流技术进行探讨，作为中国古代天文钟与擒纵调速器研究的基础。

1. **秤漏**

秤漏自北魏李兰创制以来，到唐宋极为普及。其是利用单位时间的均匀漏水重量相等的特性，使用衡器杠杆原理以显示时间推移的一种装置。根据宋朝孙逢吉《职官分纪》的记载（孙逢吉，1935），秤漏的供水系统是由水柜、铜盆、水拍、渴乌组成，如图2-9所示。盛水的铜盆浮在水柜里，其上口穿出水拍中间的圆孔，以白兔为支架立在水拍上，渴乌由白兔固定支撑，一端置于铜盆水中，另一端伸向铜覆荷的上方。秤漏的稳流原理是按时给铜盆添水，使加水间隔时间变小，以保持铜盆内水面与水柜内水面的高度差始终近似一定值，则可视为稳定出流。

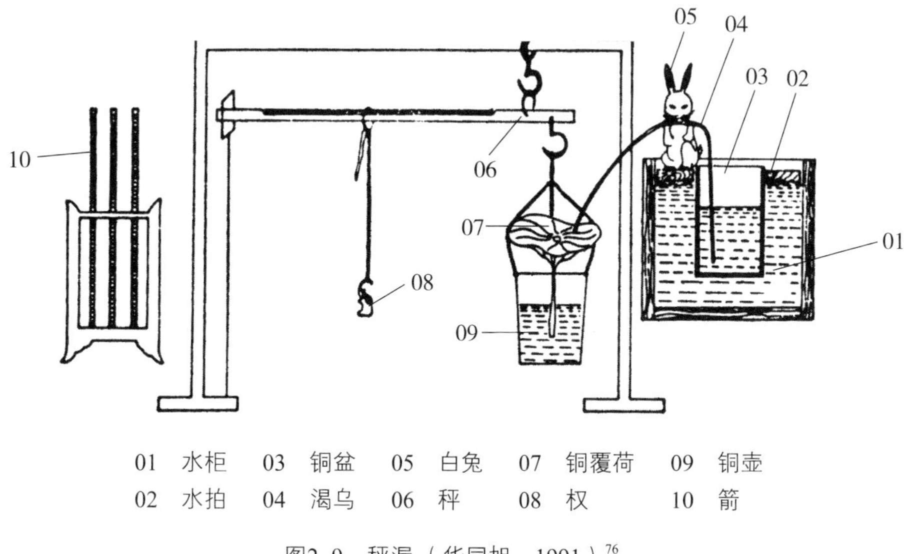

01 水柜　03 铜盆　05 白兔　07 铜覆荷　09 铜壶
02 水拍　04 渴乌　06 秤　08 权　10 箭

图2-9 秤漏（华同旭，1991）[76]

2. 浮漏

浮漏在稳流技术上主要是采用多级补偿法和漫流平水法。多级补偿法就是在单级受水型浮箭漏的供水壶的上方再加一只或多只补偿壶，由于供水壶在向箭壶出流的同时，不断得到从补偿壶流入的水补充，因而只要掌握了各级漏壶的起始水位和最上一级漏壶加水间隔等调壶技术，供水壶内的水位可以保持稳定。东汉张衡最早发明了补偿式浮漏。多级补偿法是东汉至唐代人们减小水位变化对漏壶流量影响的最主要方法。

漫流平水法就是燕肃莲花漏所采用的稳流技术，如图2–10所示。由于上一级漏壶流入下一级漏壶的水量大于下一级漏壶流出的水量，所以下一级漏壶的水量始终处于漫流状态，从而使其水位基本保持稳定。实质上它与多级补偿法没有太大区别，只要掌握了加水规律等，两者的水位变化皆很小。南宋初王普漏刻在二级补偿壶下加一漫流平水壶，结合多级补偿法与漫流平水法，以减小因操作不慎而造成的误差，从而建立了漏刻标准型式。

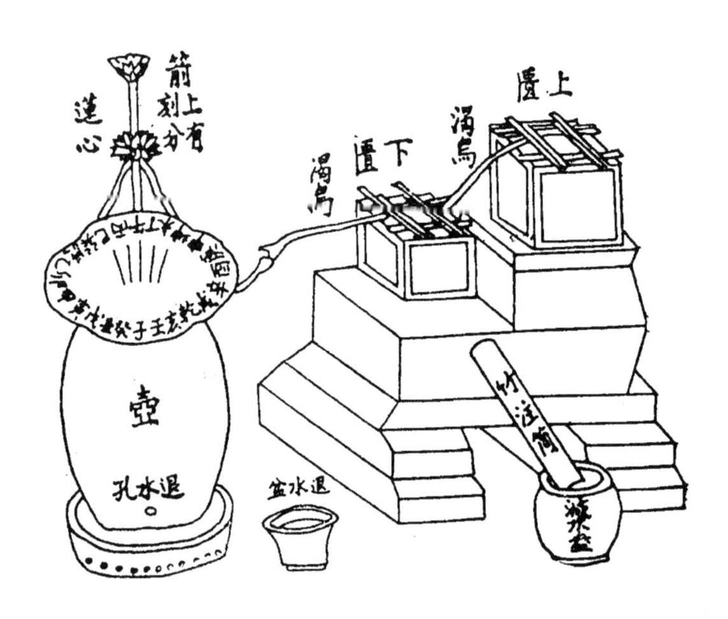

图2–10　燕肃莲花漏（杨甲 等，1983）

第四节　机械钟

中国古代的机械钟是利用水轮秤轮装置来计量时间，根据中国古代机械钟史（表2–7），其发展大致可分以下三个阶段。

一、具有水力装置的天文钟

中国古代的天文钟是将漏刻和天文仪器结合为一器的水力机械钟。最早记载的天文钟是132年东汉张衡的水运浑象，其采用漏刻原理，用水力作为运转天球仪的原动力，目的在演示天象和显示时间。此钟具有记日机构，可“转瑞轮蓂荚于阶下，随月虚盈，依历开落”（房玄龄，1976）[284–288]，但并没有描述报时机构。之后的陆绩的浑象、王蕃的浑仪直至耿询的浑天仪，应该都是在张衡水运浑象的基础上发展而来的。

二、具有报时机构的水力天文钟

最早描述具有报时机构的水力天文钟可见记载于《旧唐书·天文志》，是723年唐朝一行和尚与梁令瓒制造的水运浑天，可“注水激轮，令其自转，……立二木人于地平之上，前置钟鼓以候辰刻，……皆于柜中各施轮轴，钩键关锁，交错相持”（刘昫 等，1976）。然如何“各施轮轴，钩键关锁，交错相持”，并没有具体说明。

机械木人在中国古代典籍中的记载屡见不鲜，往往与歌舞机械相结合。据《西京杂记》载，汉高祖刘邦于公元前206年攻入咸阳，巡行秦宫库府，发现内有“铜人十二枚，坐皆高三尺，列在一筵上，琴筑笙竽各有所执，皆缀花采，俨若生人。筵下有二铜管，上口高数尺，出筵后。其一管空，一管内有绳，大如指。使一人吹空管，一人扭绳，则众乐皆作，与真乐不异焉”（刘歆，1979）。由一人牵动绳索，引发机械运动，其内机构应为齿轮、轮轴与各种拨牙机构组成，可使铜人如生，众乐齐发。

表2-7 中国古代机械钟史

年代	制造者	机械钟名称	重要古文献
东汉（约130）	张衡	水运浑象	《晋书·天文志》《隋书·天文志》
三国吴（约250）	陆绩	浑象	《晋书·天文志》《宋书·天文志》
三国吴（约260）	王蕃	浑仪	《晋书·天文志》《隋书·天文志》
三国吴（约260）	葛衡	浑天	《隋书·天文志》《三国志·吴书》
南朝宋（436）	钱乐之	浑仪	《隋书·天文志》《宋书·天文志》
南朝梁（约500）	陶弘景	浑天象	《南史·陶弘景传》
隋（约600）	耿询	浑天仪	《隋书·天文志》《隋书·耿询传》
唐（723）	一行 梁令瓒	水运浑天	《旧唐书·天文志》《新唐书·天文志》
北宋（979）	张思训	太平浑仪	《宋史·天文志》
北宋（1088）	苏颂 韩公廉	水运仪象台	《新仪象法要》《宋史·天文志》
北宋（约1124）	王黼	玑衡	《宋史·律历志》
元（1276）	郭守敬	大明殿灯漏	《元史·天文志》
明（约1380）		水晶漏刻	《明史·天文志》
明（约1390）	詹希元	五轮沙漏	《明史·天文志》《宋文宪公全集》
明（约1570）	周述学	六轮沙漏	《明史·天文志》

在唐代，有关机械木人的记载更多。《朝野佥载》记载洛州县令殷文亮“刻木为人，……酌酒行觞，皆有次第，又作妓女，唱歌吹笙，皆能应节，饮不尽，即木小儿不肯把；饮未竟，则木妓女歌管连理催”（张鷟，1983）。所谓“歌”就是按预先机械设计程序奏出的一小段乐曲，可知木人动作有次第，妓女歌笙能应节皆是以凸轮拨击装置来达成的。

979年北宋张思训制造水银驱动的太平浑仪，据《宋史·天文志》载，其报时系统更精密，“七直神，左摇铃，右扣钟，中击鼓，以定刻数，每一昼夜，周而复始；又以木为十二神，各直一时，至其时则自执辰牌，循环而出，随刻数以定昼夜短长”（脱脱 等，1983）[952]。苏颂与韩公廉承继张思训之制，于1088年做水运仪象台，其报时系统是由昼夜机轮与五层木阁所组成，以具体的形象与声乐表现出当时使用的三种时制。共利用了钟、鼓、铃、钲四种不同的打击乐器，四个活动手臂的击乐木人，一百五十八个着绯、紫、绿三种不同服色持特定示牌的司辰木人。水运仪象台利用多组凸轮拨击机构，使各层之间相互呼应且声乐与示牌相应一致，如第一层钟响了，第二层必出现手持某时正牌的木人，第三层必出现手持某时正初刻牌的木人等等，这是一具有高度科学性与艺术性的工程设计。

三、无天文仪器的机械时钟

宋代之后的天文钟，渐与天文仪器分离而独立出来，趋向机械时钟的方向发展，如元朝郭守敬的大明殿灯漏、明朝的水晶刻漏和五轮沙漏，其拓扑构造和报时系统亦有独创性。

第五节　结　论

中国古代的时制与其对时间的认识过程和计时器的使用有关。十时制主要是根据太阳运动轨迹以圭表和日晷来计时；十二时制起源于古人对天象观测和记录的需要，使用的仪器是浑仪与圭表；漏刻制则源自漏刻的使用。圭表在中国古代时制的发展上并不是居于主导地位，但圭表在计时功能上是一个重要的校准器。苏颂在水运仪象台上作浑仪圭表，不再取表端阴影，相反取表端日光，提高了水运仪象台的校时准确度。漏刻在中国古代应用最为普及，也是主要的天文计时器，秤漏和浮漏的高度发展，为中国古代擒纵调速器的发展提供了技术要求。

天文之为十二次，箭尺之为百刻，皆是均等划分。所以中国古代自周朝以来的时间观念皆是等时划分的。利用水轮秤漏装置等时驱动的天文钟，在中国古代得到发展并至臻完备，主要是因为中国古代的时制为昼夜等时划分，而欧洲于14世纪前仍是使用昼夜不等时制，欲以物理或机械的规律变化来报时，在技术上极为困难，这也是古代欧洲在计时器技术一直落后于中国的原因之一。随着机械钟之擒纵装置的发明，欧洲对时间的观念产生了重大变化，时间开始被有规律地划分，即是现行的二十四小时制。昼夜等时段的划分之后，机械时钟获得崭新的发展。

第三章

水运仪象台的机构分析

本章以水运仪象台的分析着手，来探讨中国古代机械钟的构造与运动。水运仪象台是建造于北宋时期，由苏颂领导韩公廉等太史局技术官员于元祐年间（1086—1092）制造完成的，如图3-1所示。

这是一座将浑仪、浑象及报时装置等三个工作系统整合在一起的天文钟塔。整个机器是利用水力推动运转的，其中有许多杰出的创造与发明，在人类科学技术史上有着重要的地位。然靖康元年（1126年）金兵攻入宋都汴京（今开封），掠走水运仪象台，并置于金都燕京（今北京），但已受到破坏不堪使用，后蒙古军攻入金都，水运仪象台毁于战乱。表3-1是整个水运仪象台的制作与使用过程。

表3-1　水运仪象台的制作与使用过程（苏颂，1983）[81-85]（脱脱 等，1976）[519-524]（脱脱 等，1983）[965-966]

年代	记事
北宋元祐元年（1086）	十一月宋廷诏苏颂《定夺新旧浑仪》。
北宋元祐二年（1087）	韩公廉撰《九章勾股测验浑天书》一卷，并造木样机轮一座。八月十六日，置局差官，设立元祐浑天仪象所。
北宋元祐三年（1088）	五月造成小木样。 十二月造成大木样。 闰十二月二日，安置集英殿（京城开封）。
北宋元祐四年（1089）	苏颂奏呈《进仪象状》。 翰林学士许将与周日严、苗景共同验核大木样。 三月八日，校验结果与天道合，诏以铜造。（铜造部分包括浑仪、浑象及其他须用铜材者）
北宋元祐七年（1092）	四月苏颂撰《浑天仪象铭》。六月十六日铜制元祐浑天仪象造成。
北宋靖康元年（1126）	金兵入汴京，掠走水运仪象台，并置于燕京，但已不能使用。

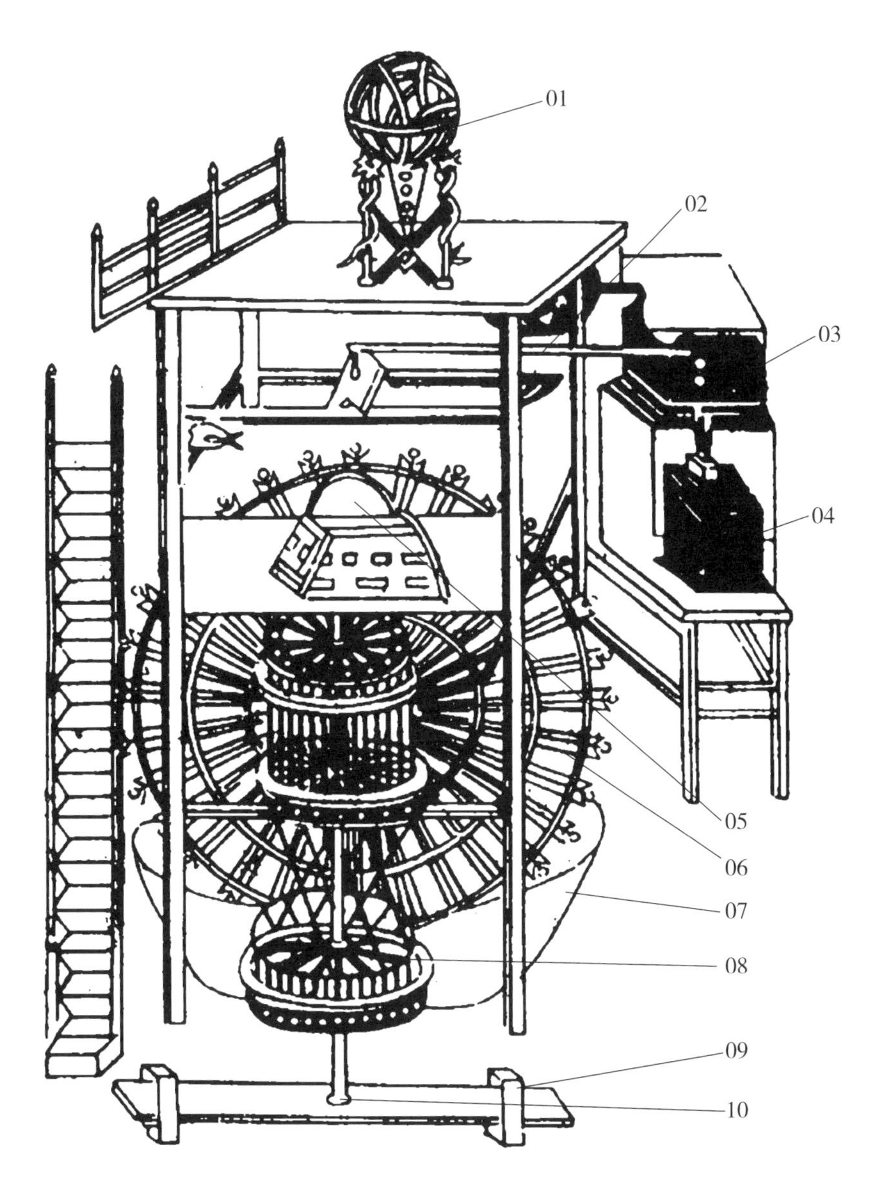

01 浑仪	03 天池	05 浑象	07 退水壶	09 地极
02 天衡	04 平水壶	06 枢轮	08 昼夜机轮	10 枢臼

图3-1　水运仪象台的内部构造（苏颂，1983）[114]

（续表）

年代	记事
金明昌六年（1195）	水运仪象台因雷击而受损。
金贞祐二年（1214）	蒙古军攻金，金人迁都汴京，遂弃置于燕京。

所幸苏颂于元祐与绍圣年间已将水运仪象台的制造缘起、经过及其整体与各零组件绘图并加以说明，写成《新仪象法要》一书，使水运仪象台得以为世人所知。《新仪象法要》全书共绘图六十三幅，其中有十四幅天文星图与四十九幅机械绘图。每幅图附说明文字，其内容包括每一零组件名称、尺寸、构造及其运动等技术文件，为后世留下了极具研究价值的天文与机械等科学技术资料，表3–2是《新仪象法要》的版本源流。

表3–2 《新仪象法要》版本源流（管成学 等，1991）[281–286]（胡维佳，1997）

年代	记事
北宋元祐年间（1088—1092）	正本完成。
北宋绍圣三年（1096）	别本完成。
北宋绍圣年间（1094—1096）	绍圣初刻本完成。
南宋淳祐年间（1241—1252）	淳祐刻本（南宋韩仲，守明州时所刻）。
南宋乾道八年（1172）	施元之刻本：是以正本为本，补入别本与正本相异之处。
明末清初	钱曾（1629—1701）以施元之的宋刻本制作一影摹本。此影摹本成为清乾隆三十七年（1772）修纂《四库全书》时收录该书的抄写底本。
清道光二十三年（1843）	同安的苏颂裔孙苏廷玉将之从《四库全书》录出，重新刊刻。
清道光二十四年（1844）	钱熙祚校勘守山阁刻本，并编入《守山阁丛书》。因此刻本精审，后世多据此影印。

经过近现代一些学者不断研究，水运仪象台的原貌已渐渐浮现，但就其水轮秤漏装置、计时单位、传动系统的齿轮齿数设计的认识还非常模糊，本章就水运仪象台的构造与运动进行探讨，以了解此三部分的意义与设计，并提出适当可行的设计方案。

第一节 构造分析

水运仪象台主要反映了11世纪中国在天文与机械两方面的成就。在机械方面它是当时最杰出的机器设计，其包括了水车提水装置、定时秤漏装置、水轮杠杆擒纵机构、凸轮拨击报时装置、传动系统、天文观象校时装置等，并且运用了齿轮机构、链传动机构、杠杆机构、棘轮机构、凸轮机构、铰链机构及滑动轴承等。以下将水运仪象台分为水运、控制、传动、工作等四大系统进行构造的分析。

一、水运系统

水运系统是由水车提水装置、水轮秤漏装置中的定时秤漏装置、退水壶构成的水流回路，如图3-2所示。水车提水装置是由升水下壶、升水下轮、升水上壶、升水上轮、河车、天河组成的二级提水装置。以人力运转河车，将水由受水下壶逐级提升至天河，再注入天池，利用水的位能差来驱动水轮秤漏装置，水再落入退水壶中，如此周而复始，不断循环。

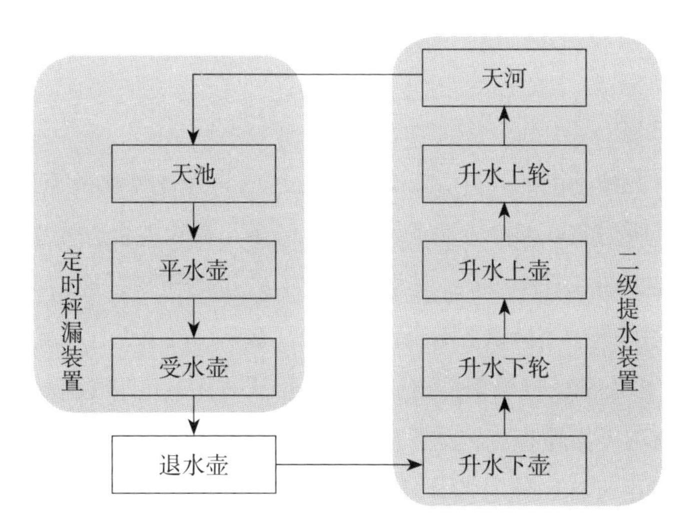

图3-2 水运仪象台的水运系统

二、控制系统——水轮秤漏装置

水轮秤漏装置是由定时秤漏装置和水轮杠杆擒纵机构所组成的擒纵调速器，定时秤漏装置具有等时周期运动的产生装置，水轮杠杆擒纵机构则是运动的控制机构，是中国古代擒纵调速器的特有模式。

定时秤漏装置是由天池、平水壶、受水壶、枢衡、枢权、格叉所组成；水轮杠杆擒纵机构是由枢轮、左天锁、右天锁、天关、天衡、天权、天条、关舌等组成，部分构造如图3–3与图3–4所示。详细的构造与运动分析请参阅4–1节。

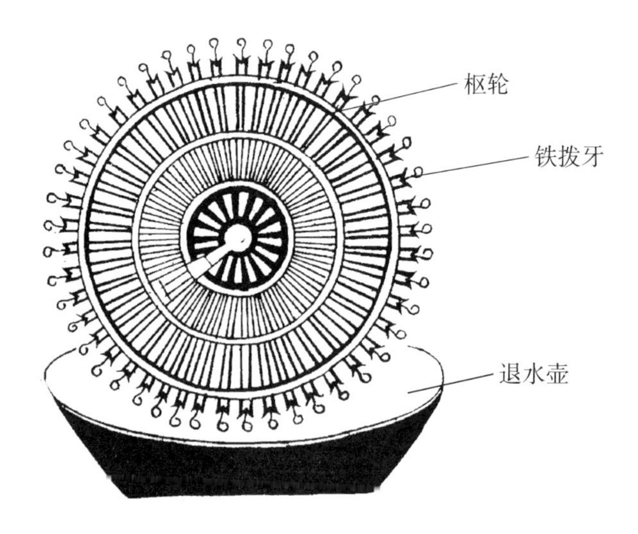

图3–3　水运仪象台的枢轮（苏颂，1983）[123]

三、传动系统

传动系统有两种不同的设计，一是正本所述的具天柱传动系统，系采用齿轮系传动；二是别本所述的具天梯传动系统，系以链条与齿轮混合方式来传动。

具天柱传动系统（图3–5）：其枢轮（W）产生的扭矩，经由枢轮轴端的地毂（齿轮2）与天柱下轮（齿轮3）啮合传至天柱（B），再由天柱中轮（齿轮4）与上轮（齿轮5）分两条路径将扭矩传出，一是经由天柱上轮与天毂后毂（齿轮11）啮合，再由天毂前毂（齿轮10）转动浑仪（A）上的天运环（齿轮9），使三辰仪随天体运行。二是经由天柱中轮与拨牙机轮（齿轮6）啮合，带动昼夜机轮，以启动报时系统。另再经由昼夜机轮轴（D）顶端的天轮（齿轮7）与赤道牙距环（齿轮8）啮合，以运转浑象（C）。

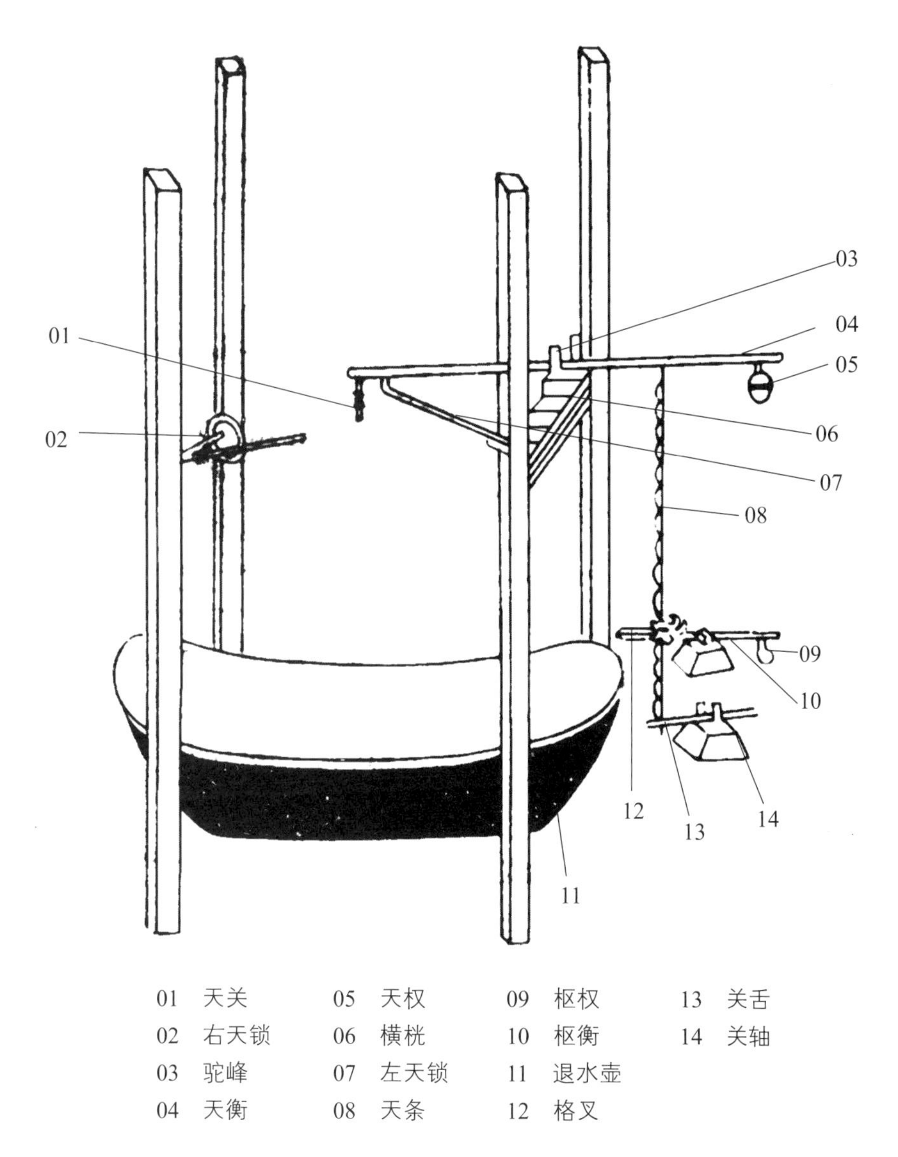

图3-4　水运仪象台的天衡系统（苏颂，1983）[125]

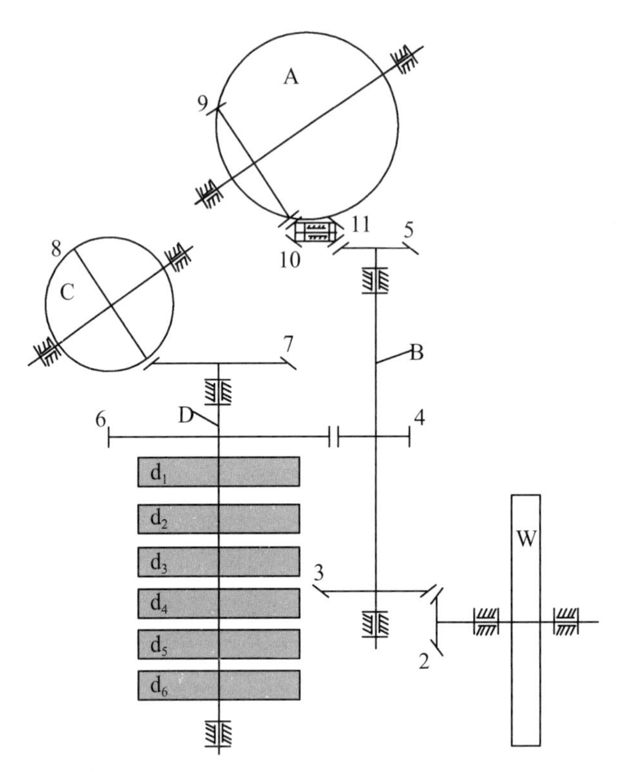

A　浑仪
　9　天运环
　10　天毂前毂
　11　天毂后毂
B　天柱
　3　天柱下轮
　4　天柱中轮
　5　天柱上轮
C　浑象
　7　天轮
　8　赤道牙距环

D　昼夜机轮轴
　6　拨牙机轮
d_1　昼时钟鼓轮
d_2　时初正司辰轮
d_3　报刻司辰轮
d_4　夜漏金钲轮
d_5　夜漏更筹司辰轮
d_6　夜漏箭轮
W　枢轮
　2　地毂

图3-5　水运仪象台——具天柱传动系统

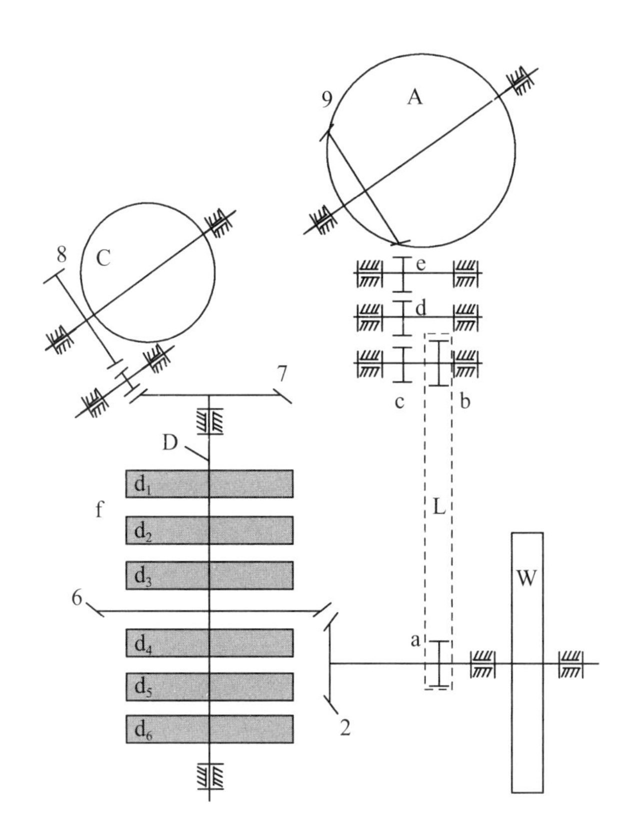

A 浑仪
- 9 天运环
- c 下天毂
- d 中天毂
- e 上天毂

C 浑象
- 7 天轮
- 8 天运轮
- f 天轴

D 昼夜机轮轴
- 6 拨牙机轮

d_1 昼时钟鼓轮
d_2 时初正司辰轮
d_3 报刻司辰轮
d_4 夜漏金钲轮
d_5 夜漏更筹司辰轮
d_6 夜漏箭轮

L 天梯
- a 天梯下轮
- b 天梯上轮

W 枢轮
- 2 地毂

图3-6　水运仪象台——具天梯传动系统

具天梯传动系统（图3-6）：枢轮产生的扭矩，直接由枢轮轴分两条路径将扭矩输出，一是经由枢轮轴上的天梯下轮（齿轮a），以天梯（L）带动天梯上轮（齿轮b），经下天毂（齿轮c）、中天毂（齿轮d）、上天毂（齿轮e）间啮合传动，再由上天毂转动浑仪上的天运环，使三辰仪随天体运行。二是经由枢轮轴端的地毂与拨牙机轮啮合，带动昼夜机轮，以启动报时系统。另再经由昼夜机轮轴顶端的天轮衔天轴（齿轮f）转动天运轮（齿轮8），以运转浑象球。

四、工作系统

1. 浑仪

浑仪（图3-7）是一个天文观测校时装置，以天运环带动天球坐标系（三辰仪）在固定的地平坐标系（六合仪）内随天球运转，而窥管是附随在天球坐标系下的动坐标系（四游仪），可测得任一天体的位置，每逢正午可与主表配合以校正时间。

图3-7　水运仪象台的浑仪（苏颂，1983）[85]

2. 浑象

浑象（图3-8）是一个天文演示装置，以赤道牙距或天运轮带动天球仪运转，以演示天球的运动，并提供浑仪观测时的参考。

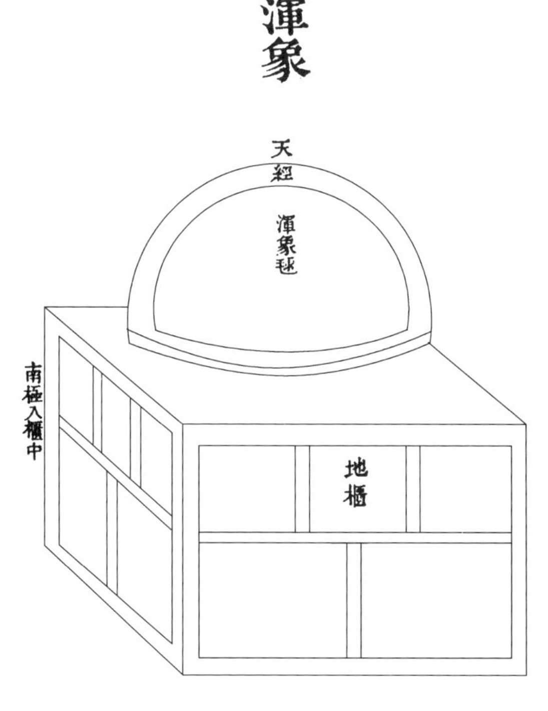

图3-8　水运仪象台的浑象（苏颂，1983）[98]

3. 报时系统

水运仪象台的报时系统是由昼夜机轮与五层木阁所组成，如图3-9所示，整个系统是一具有高度科学性与艺术性的工程设计，是中国古代机械钟的典型报时装置。以下说明其构造：

昼夜机轮是水运仪象台报时系统中的六接头杆件，具有两个齿轮副、两个凸轮副、两个旋转副，如图3-9A。为糅合当时三种时制，并以形象和声乐自动报时，昼夜机轮共有八重轮，依次为天轮、拨牙机轮、昼时钟鼓轮、时初正司辰轮、报刻司辰轮、夜漏金钲轮、夜漏更筹司辰轮、夜漏箭轮。以上八重轮并贯以机轮轴，上以天束束之，下以铁枢臼承之；其中，拨牙机轮，见图3-10A2，由传动齿轮与天柱中轮啮合，是报时系统输入端，承接擒纵调速器的动力与运动。天轮、昼时钟鼓轮、夜漏金钲轮都是输出端，天轮是以一个齿轮副将动力传到浑象使其能随天运转，见

图3-10A1。昼时钟鼓轮和夜漏金钲轮是以一个凸轮副作动在木阁上之敲击机构，以按时刻报时。机轮轴与天束和铁枢臼的接头皆属于旋转副。天束是由两块具有半圆缺口的横木组成，用来夹持机轮轴之支撑架。枢臼是承机轮轴之纂，两者材质皆为铁制，组成一自动对准锥形轴颈轴承。

五层木阁是水运仪象台的报时显示台，如图3-9B，每“层皆有门，以见木人出入”（苏颂，1983）[113]。

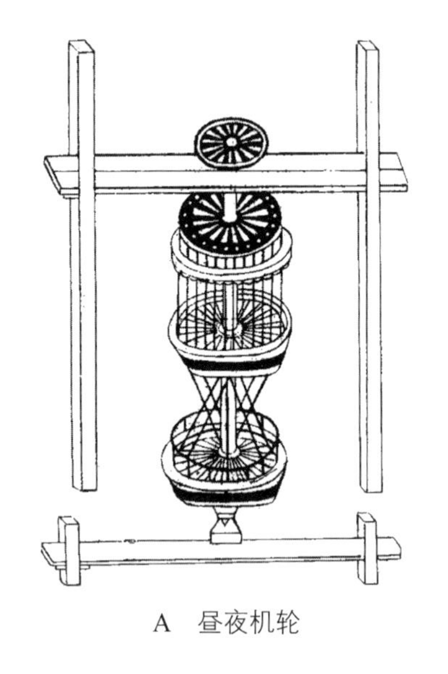
A　昼夜机轮

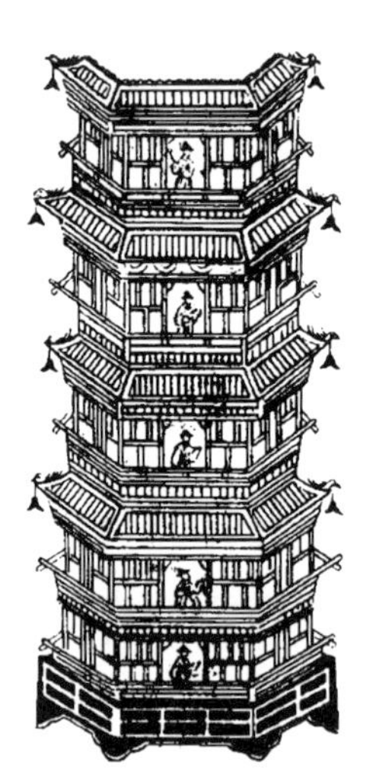
B　五层木阁

图3-9　水运仪象台的报时系统（苏颂，1983）[115]

第一层木阁开左中右三门，固定站立三个着不同颜色服饰的司辰木人，每一木人各具有一连杆机构的活动手臂，与均时转动的昼时钟鼓轮上三组拨牙杆分别作动，是一种凸轮拨击报时装置。昼时钟鼓轮，如图3-10B1，其上三组拨牙杆的时序和配置是与每时初、每时正、每刻及拨牙机轮之六百牙距相对应。因此，每时初，则服绯司辰于左门内摇铃；每刻至，则服绿司辰中门内击鼓；每时正，则服紫司辰右门内扣钟。

第二层只在正中开一门，内为昼夜时初正司辰轮，如图3-10B2，在其轮辋边立有二十四个司辰木人，手执时辰牌，牌面依次书写十二时之初正，且与拨牙机轮之六百牙距相对应。因此，每时初，则服绯司辰执牌出报；每时正，则服紫司辰执牌出报。

第三层亦在正中开一门，内为报刻司辰轮，图3-10B3，在其轮辋边立有九十六个司辰木人，手执时辰牌，牌面依次书写十二时中百刻，亦与拨牙机轮之六百牙距相对应；每刻至，则服绿司辰执牌出报。

木阁第四、第五层正中各开一门，是与夜漏金钲轮、夜漏更筹司辰轮、夜漏箭轮专司夜间更点制的报时装置。

第四层击钲木人固定在正中门内，和第一层木人动作相似，与夜漏金钲轮（图3-10C1）之拨牙于每日入、昏、五更、待旦、晓、出日报时，以应第五层出报之司辰。亦是一种凸轮拨击报时装置。

第五层内为夜漏更筹司辰轮，如图3-10C2，其轮辋边计有三十八木人着三种不同颜色服饰根据夜漏箭轮各箭之数值，分布于司辰轮之相对位置以出报夜间更筹。“其日入，服绯司辰出报。昏二刻半，服绿司辰出报。更有五筹：初一筹，服绯司辰出报；更初余四筹，服绿司辰各出报。凡五更，总司辰二十有五。待旦十刻，服绿司辰各出报。晓二刻半，服绿司辰出报。日出，服绯司辰各执牌出见于中门之。”

1958年王振铎在水运仪象台的复原工作中，将夜漏箭轮上的箭筹视为夜漏金钲轮的拨牙，且在轮辋上设有三组孔洞，各依夏至、冬至、春秋二分来分度，并按季节来分组插入更筹箭杆。这样的工作存在一些问题：第一，夜漏金钲轮机构变复杂了，且夜漏箭轮似乎是多余的；第二，只将一年更点制分四个时期，已不能反映实际天象，这和整台机器表现出来的科学精神极不协调。而后来的学者亦未跳出王振铎的水运仪象台模型，使其与原书图文相较，常不能自圆其说。

根据漏刻制度的使用，夜漏箭轮乃是一个数据库，其上置有六十一支更筹箭。因夜间更点制为一浮动纪时方式，随四时节气变化，夜有长短；因此，一年有365.25日，设六十一支箭，约六日用一支箭。

箭之长短可与夜之长短同比例，以利辨识。箭上主要是书写该箭代表之时期和该时期之日出日入之时刻、每更为几刻几分、每筹为几刻几分。因此，夜漏金钲轮上之拨牙位置和夜漏更筹司辰轮上木人位置，可根据在夜漏箭轮之相对应的箭筹上资料，随节气更换，极为便利。如此，不但符合原文记载，亦符合水运仪象台的科学精神。古代漏刻制，先后采用四十一支箭和四十八支箭，这里用六十一支箭，可见苏颂等对时间精度的要求较高。

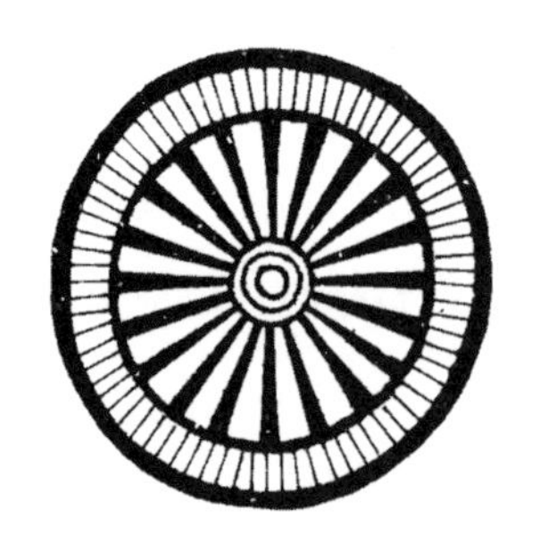

1. 天轮

2. 拨牙机轮

A 传动齿轮

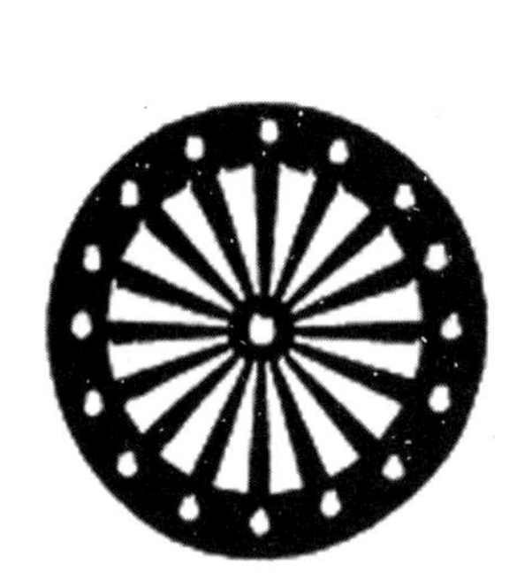

1. 昼时钟鼓轮

2. 时初正司辰轮

3. 报刻司辰轮

B 昼时报时装置

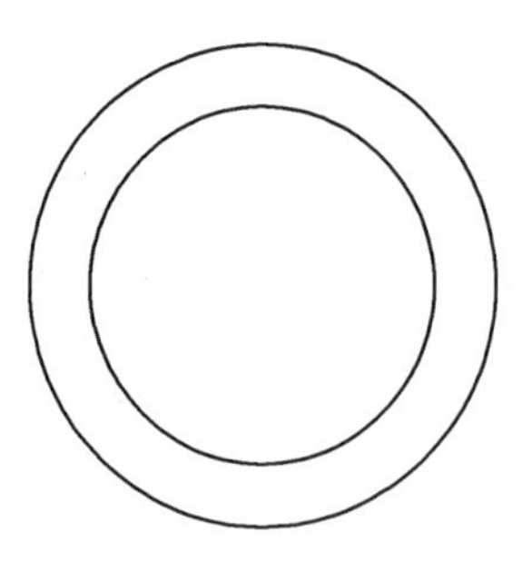

1. 夜漏金钲轮

2. 夜漏更筹司辰轮

C 夜时报时装置

图3-10 昼夜机轮（苏颂，1983）[117-122]

第二节　运动分析

水运仪象台为使浑仪和浑象的运转能与天体实际的运行相符合以得到互证，并使昼夜机轮能准确报时，故其运动设计的目的与限制有三：

1. 浑仪之天运环日转一周，使浑仪上的三辰仪随天球西旋运动。

2. 浑象赤道牙环日转一周，与浑仪同步运行。

3. 昼夜机轮日转一周，以报时刻。

正因为确定其运动设计的目的，《新仪象法要》中只明确地给出天运环、赤道牙环、天轮、拨牙机轮的齿数，其他齿轮齿数并未给出，这是必须根据水轮秤漏装置的性能与传动系统的设计，经过反复试验才能得到较佳的齿数。

因此，本节首先提出一运动模式来解析其运动中枢——水轮秤漏装置的功能与运动，再以此三个工作系统的运动设计目的与限制来进行计时单位与齿轮齿数设计。

一、水轮秤漏装置

水轮秤漏装置是全台运动的产生与控制机构，就自动控制学而言，水轮秤漏装置是一种控制致动器，具有双回授控制系统：一为流量回授控制，二为流速回授控制，其运动模式如图3-11所示。

流量回授控制，也是一力量回授控制，利用枢衡机构作为重量比较器，以枢权对枢衡杆支点的力矩与受水壶作用在格叉产生的力矩间的差值，作为回授讯号。而受水壶承受水的重量需满足两项条件：一是对关舌的冲力要足以启动控制组件——天关，一是对枢轮产生的扭矩要足以驱动三大工作系统。

流速回授控制，是以受水壶周期的摆动频率与计时单位的差值，作为回授讯号。计时单位的设计则是要配合传动系统的齿轮齿数设计。水轮秤漏装置经由流量与流速的回授控制，可输出满足三大工作系统之等速的扭矩。

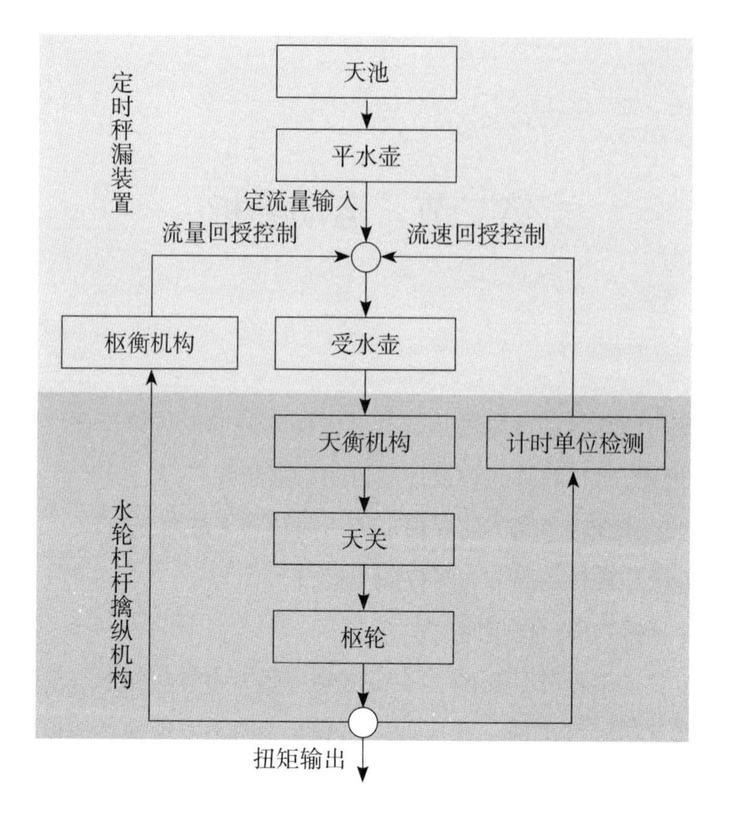

图3–11　水轮秤漏装置的运动模式

二、计时单位

在擒纵调速器的设计中，一个计时单位内，其运动时间要远少于静止时间。即水轮秤漏装置在一个运动循环中，水轮杠杆擒纵机构掣钩交替所占的时间应远小于受水壶受水时间。现代机械钟一个计时单位内，擒纵机构的运动时间与静止时间的比值约为1 : 19，精密的机械钟比此数更小，所以时钟机械可历久而不磨损。因此水轮秤漏装置的计时单位不宜过短，否则不但机械容易造成损坏，更容易产生较大的误差。

由构造分析的结果与运动设计目的及限制可知，拨牙机轮的齿数是一个重要的设计参数，其涉及报时系统的报时精度需求、凸轮拨击装置设计、司辰木人出报程序的问题。《新仪象法要》明确给出拨牙机轮的齿数为600齿，应是根据报时系统设计的需求制订（苏颂，1983）[117]。而具有600牙距的拨牙机轮，日转一周，行一昼夜百刻共6000分（即一刻＝60分），故拨牙机轮每转一牙距为10分，六牙距为一刻，其读数精度为10分等于144秒。因此，水轮秤漏装置的计时单位必须少于报时系统的读数精度（144秒），由此得到限制方程式：

$$n = \frac{144}{t} \geqslant 1 \qquad (3\text{-}1)$$

其中，n为在144秒内完成作动的壶数；t指连续两个受水壶之间作动的时间差，即计时单位。因此，其计时单位应不可大于144秒。

就浑仪、浑象的运动设计来考虑，为期能追天运行，其步进度数越小越好，故计时单位又不宜太长。而水轮秤漏机构的计时精度主要取决于定时秤漏装置，以宋代计时的文献资料和后人的复原实验，皆可证实宋代之漏刻的读数精度可小于14.4秒或计时精度为10^{-4}，故其步进单位时间可小至14.4秒。

综合以上所述，计时单位应取在14.4至144秒间为佳。以台湾台中之自然科学博物馆的1：1复原机器进行实验量测，测得水轮杠杆擒纵机构的运动时间平均为1.93秒，若以现代钟表擒纵机构的运动时间应小于其计时单位的1/20为参考基准，则水轮秤漏装置的计时单位应大于38.6秒，方有较高的计时精度。

三、齿数合成

据考证，《新仪象法要》正本给出的齿数有枢轮的受水壶数为36个（T_W=36），拨牙机轮齿数为600齿（$T_6=600$），浑象赤道牙环为478齿（$T_8=478$），浑仪天运环齿数为478齿（$T_9=478$）（苏颂，1983）[98-99]；别本则给出枢轮的受水壶数为48个（T_W=48）及拨牙机轮、天轮、赤道天运轮、浑仪天运环的齿数皆为600齿，即$T_6=T_7=T_8=T_9=600$。其他齿轮齿数则将由运动设计目的与限制，求得其数学关系，并参考计时单位一节的结果，提出适当可行的设计。以下就具天柱及具天梯的传动系统分别进行讨论。

1. 具天柱传动系统（图3-5）

（1）昼夜机轮日转一周的设计目的与限制：（即ω_D=1）

由齿轮传动比可得：

$$\frac{\omega_B}{\omega_W} = \frac{T_2}{T_3} \qquad (3\text{-}2)$$

$$\frac{\omega_D}{\omega_B} = \frac{T_4}{T_6} \quad (\omega_D=1,\ T_6=600) \qquad (3\text{-}3)$$

其中，T_i表齿轮i的齿数，ω_i表轴i的转速（周/日），而枢轮轴的转速（ω_W）为：

$$\omega_W = \frac{24 \cdot 60 \cdot 60}{T_W \cdot t} = \frac{600}{T_W} \cdot \frac{144}{t} = \frac{600}{T_W} \cdot n \qquad (3\text{-}4)$$

由式（3–2）、式（3–3）、式（3–4）联立解得：

$$n=\frac{T_3\cdot T_W}{T_2\cdot T_4}\geqslant 1 \tag{3–5}$$

（2）浑仪之天运环日转一周，使浑仪随天西旋运动：（即ω_A=1）

由齿轮传动比可得下列关系式：

$$\frac{\omega_E}{\omega_B}\cdot\frac{\omega_A}{\omega_E}=\frac{T_5}{T_{11}}\cdot\frac{T_{10}}{T_9} \tag{3–6}$$

$$\frac{\omega_A}{\omega_B}=\frac{T_5}{T_{11}}\cdot\frac{T_{10}}{T_9}\quad（\omega_A=1） \tag{3–7}$$

$$\omega_B=\frac{T_9}{T_5}\cdot\frac{T_{11}}{T_{10}} \tag{3–8}$$

由式（3–3）与式（3–8）联立解得：

$$T_5=\frac{T_9\cdot T_4}{600}\cdot\frac{T_{11}}{T_{10}} \tag{3–9}$$

其中，T_5=478乃仿周天之数，周天之数即为365日有畸（365.25日），又T_9应为整数（365.25·4＝1461）。因此，T_9所取之数应与1461具有公因数，即T_9应为3或487的倍数；但T_9=478并不符合此条件，正本取此数不能理解，或可解释为487之误抄，所以后文的齿数合成，T_9将以478齿、487齿、600齿三种情况来合成，而600齿是采用别本之数。

（3）浑象赤道牙环日转一周之设计目的与限制：（即ω_C=1）

由齿轮传动比可得：

$$\frac{\omega_C}{\omega_D}=\frac{T_7}{T_8}=1 \tag{3–10}$$

即天轮齿数（T_7）等于赤道牙环齿数（T_8），其皆与天运环齿数（T_9）同数。

由三个工作系统运动设计目的与限制得到式（3–5）、式（3–9）、式（3–10）三个关系式，可了解各齿轮齿数间的关系。又根据《新仪象法要》的图文与机械原理，归纳出下列原则，以进行齿数合成：

1. 考虑枢轮输出的扭矩，地毂的齿数不宜取太小，以取与枢轮的受水壶数一样为佳，即一壶一齿（$T_2=T_W=36$），其运动较为平稳。
2. 由计时单位的讨论知，n不宜太大，取$n \leqslant 3$较佳。
3. 由天毂的图形知，其前毂与后毂齿数应尽量取相同，$T_{10}/T_{11} \backsimeq 1$，$T_{10}$与$T_{11}$可为任一正整数，只受制于空间限制。

表3–3、表3–4、表3–5分别以T_9为478齿、487齿、600齿三种情况来合成，列出较适当的齿数设计。

表3–3　具天柱传动系统的齿轮齿数设计（T_9=478，$T_{10}/T_{11} \backsimeq 1$）

项目	n	t	T_w	T_2	T_3	T_4	T_5	T_6	T_7	T_8	T_9	T_{10}	T_{11}
1	3	48	36	36	105	35	28	600	478	478	478	239	240

表3–4　具天柱传动系统的齿轮齿数设计（T_9=487，T_{10}/T_{11}=1）

项目	n	t	T_w	T_2	T_3	T_4	T_5	T_6	T_7	T_8	T_9	T_{10}	T_{11}
1	1	144	36	36	600	600	487	600	487	487	487	∈N	∈N

表3–5　具天柱传动系统的齿轮齿数设计（T_9=600，T_{10}/T_{11}=1）

项目	n	t	T_w	T_2	T_3	T_4	T_5	T_6	T_7	T_8	T_9	T_{10}	T_{11}
1	3	48	36	36	105	35	35	600	600	600	600	∈N	∈N
2	3	48	36	36	99	33	33	600	600	600	600	∈N	∈N
3	3	48	36	36	93	31	31	600	600	600	600	∈N	∈N
4	2	72	36	36	70	35	35	600	600	600	600	∈N	∈N

2. 具天梯传动系统（图3–6）

（1）昼夜机轮日转一周的设计目的与限制：（即ω_D=1）

由齿轮传动比可得：

$$\frac{\omega_D}{\omega_W}=\frac{T_2}{T_6}\ (\omega_D=1,\ T_6=600) \tag{3-11}$$

将式（3–4）代入式（3–11）解得：

$$\frac{T_W}{T_2}=n \geqslant 1 \tag{3-12}$$

$$T_2=\frac{T_W}{n}\leqslant T_W \tag{3-13}$$

（2）浑仪之天运环日转一周，使浑仪随天西旋运动：（即$\omega_A=1$）

由齿轮传动比可得下列关系式：

$$\frac{\omega_b}{\omega_a}\cdot\frac{\omega_d}{\omega_c}\cdot\frac{\omega_e}{\omega_d}\cdot\frac{\omega_A}{\omega_e}=\frac{T_a}{T_b}\cdot\frac{T_c}{T_d}\cdot\frac{T_d}{T_e}\cdot\frac{T_e}{T_9} \tag{3-14}$$

$$\omega_a=\frac{T_9}{T_c}\cdot\frac{T_b}{T_a}=\omega_W=\frac{600}{T_W}\cdot n\ (T_9=600) \tag{3-15}$$

$$T_c=\frac{T_W}{n}\cdot\frac{T_b}{T_a} \tag{3-16}$$

（3）浑象赤道牙环日转一周之设计目的与限制：（即$\omega_c=1$）

由齿轮传动比可得下列关系式：

$$\frac{\omega_f}{\omega_D}\cdot\frac{\omega_C}{\omega_f}=\frac{T_9}{T_f}\cdot\frac{T_f}{T_8} \tag{3-17}$$

$$\frac{\omega_C}{\omega_D}=\frac{T_7}{T_8}=1 \tag{3-18}$$

由三个工作系统运动设计目的与限制得到式（3-13）、式（3-16）、式（3-18）三个关系式，可了解各齿数间的关系。又根据《新仪象法要》的图文与机械原理，归纳出下列原则，以进行齿数合成，并将适当的解列于表3-6：

1. 考虑枢轮输出扭矩的较大，地毂与天梯下毂的齿数应越大越好。同时取$T_a=T_b=T_2$，则$T_2=T_a=T_b=\frac{T_W}{n}$，以$n=1$最佳。
2. 由计时单位的讨论知，n不宜太大，取$n\leqslant 3$较佳。
3. T_e、T_d、T_f可为任一正整数，只受制于空间限制。

表3-6　具天梯传动系统的齿轮齿数设计

项目	n	t	T_W	T_2	T_6	T_7	T_8	T_9	T_a	T_b	T_c
1	1	144	48	48	600	600	600	600	48	48	48
2	4/3	108	48	36	600	600	600	600	36	36	36
3	1.5	96	48	32	600	600	600	600	32	32	32

（续表）

项目	n	t	T_W	T_2	T_6	T_7	T_8	T_9	T_a	T_b	T_c
4	1.78	81	48	27	600	600	600	600	27	27	27
5	2	72	48	24	600	600	600	600	24	24	24

综合上述讨论，不论是具天柱或具天梯的传动系统，当所有工作机器的传动齿轮齿数皆为600齿时，符合文献考证之齿数合成的解皆有无限多组，因此较容易获得较佳的机械性能与工作精度的齿数设计，所以过去学者提出的具天柱传动系统之齿轮齿数复原设计，工作系统的传动齿轮齿数皆以600齿来设计，如表3-7所示。若以计时单位（t）来衡量，根据台湾台中之自然科学博物馆所复原机器的实验结果，计时单位应大于38.6秒，但表3-7中这些计时单位都小于38.6秒，而且齿数比与文献差异较大，其中刘仙洲所提方案的计时单位只有1.5秒，这对水轮秤漏装置是很难做到，唯其性能越佳者，所取的计时单位当可越小，否则其计时误差会过大。

表3-7　学者所提出具天柱传动系统的齿轮齿数复原设计

提出者	n	t	T_W	T_2	T_3	T_4	T_5	T_6	T_7	T_8	T_9	T_{10}	T_{11}
刘仙洲	96	1.5	36	6	96	6	3	600	600	600	300	∈N	T_{10}
王振铎	5.76	25	36	6	48	50	50	600	600	600	600	12	12
李约瑟	6	24	36	6	600	600	600	600	600	600	600	6	6

第三节　结　论

水运仪象台是一座将浑仪、浑象、报时装置三个工作系统整合在一起的天文钟塔，其中有许多杰出的创造与发明，尤以水轮秤漏装置最富巧思。本研究得知其为一擒纵调速器，是由定时秤漏装置和水轮杠杆擒纵机构所组成的，为中国古代擒纵调速器的特有型式，并提出如图3-11所示的自动控制运动分析模式，清楚地表示出水轮秤漏装置的功能与运动方式，正可反映出苏颂与韩公廉的设计思想。

计时单位与齿轮齿数的设计是互有关系的，当传动系统各齿轮间的齿数决定，水轮秤漏装置的计时单位就确定了。本研究以浑仪、浑象、报时装置等三大工作系统的功能作为其设计需求与限制，建立数学模式，据此可得到任何的解，其中计时单位应取在14.4—144秒间，并以1：1之复原机器的实验量测结果为据，推知计时单位应大于38.6秒，方可获得较佳的计时精度，然后根据文献考证提出较适当的设计，并列于表3-3—表3-6。

在机械钟之擒纵调速器的发展过程中，水轮秤漏装置因其机构的设计能使计时单位可调整的范围相当大，易使其运动时间与静止时间的比值小于1：19，这也是为什么中国古代具水轮秤漏装置之机械钟的精度，可用来作为天文钟之用的主要原因。

第四章

苏颂水轮秤漏装置与近代钟表擒纵调速器的比较研究

在计时器的发展过程中，人类试图用各种周期性运动现象作为量测时间的标准，并以各式各样的器件，如圭表、日晷、漏壶、机械钟、原子钟等来体现时间；其中，机械钟的发展在机械史中，占有极重要的地位，尤以擒纵调速器的发展最为杰出。而最受近代学者重视的，莫过于苏颂水运仪象台的水轮秤漏装置，然而有些学者将水运仪象台的水轮秤漏装置与锚状擒纵机构做比较，这种做法不甚妥当；因为水轮秤漏装置具有等时性的定时秤漏装置及间歇性运动的水轮杠杆机构，而锚状擒纵器只有间歇性运动功能。另外，也有些学者将水运仪象台水轮杠杆机构与锚状擒纵机构做比较，这也不太妥当；因为钟表擒纵机构之作动与其振荡器的型式关系密切，在探讨钟表的擒纵调速器时应将这两部分一并讨论。而本研究所言之擒纵调速器是由振荡装置和擒纵机构两部分组成，振荡器是具有均匀周期性运动的产生装置，擒纵机构则是运动的控制机构。因此，擒纵调速器是靠振荡装置的周期振动，使擒纵机构保持精确与规律性的间歇运动，从而取得调速作用。本章以水力、重力与弹力、电磁力等不同动力的驱动方式，将擒纵调速器分为三个阶段来探讨，并进一步比较研究。

第一节　水轮秤漏装置

根据文献的考证，最早之擒纵调速器的发明是在中国，其中以北宋苏颂于1088年所造的水运仪象台为代表。在苏颂所撰的《新仪象法要》中，对其构造与零件尺寸有详细的记载，并有配图，明白地说明定时秤漏装置与水轮杠杆擒纵机构如何相互配合做到等时性与间歇性的计时作用，使这种水轮秤漏机构模式的擒纵调速器得以流传（如图4-1所示）。

水轮秤漏机构是中国古代天文钟的特色，其发展建立在漏刻技术的基础上，并非苏颂首创，在东汉张衡之水运浑象中可能有了雏形，经过唐僧一行的水运浑天及北宋张思训的太平浑仪，发展到北宋苏颂水运仪象台时已相当完备。苏颂之后，则以元朝郭守敬的大明灯漏最为杰出。

以下以苏颂水运仪象台的水轮秤漏机构为研究载体，来探讨中国古代擒纵调速器的模式，它是由定时秤漏装置和水轮杠杆擒纵机构所组成。

一、定时秤漏装置

定时秤漏装置是由天池壶、平水壶、受水壶、枢衡、枢权、格叉所组成。

天池壶、平水壶、受水壶组成二级浮箭漏（图4-2），目的是得到均匀的水流。枢衡、枢权、格叉组成一个枢衡机构，同时也是一个杠杆机构。在中国古代，杠杆机构运用得非常普遍，以桔槔和衡器为代表。再者，枢衡机构是一个衡器的杠杆机构，枢权是用来权衡受格叉所托之受水壶承接的水量。枢衡机构与二级浮箭漏整合为一定时秤漏装置，用来产生均匀的周期性运动。

最早记载秤漏的是唐朝徐坚的《初学记》：约450年后魏道士李兰制秤漏“以器贮水，以铜为渴乌，状如钩曲，以引器中水于银龙口吐入权器，漏水一升，秤重一斤，时经一刻”（徐坚，1972）[1332]，它是用中国古代的杆秤称量流入受水壶中水之重量的变化来计量时间。隋朝大业初年（约610年），耿询与宇文恺“依后魏道士李兰所修道加上法秤漏，制造秤水漏器，以充行从”（魏征 等，1983）[529]。自

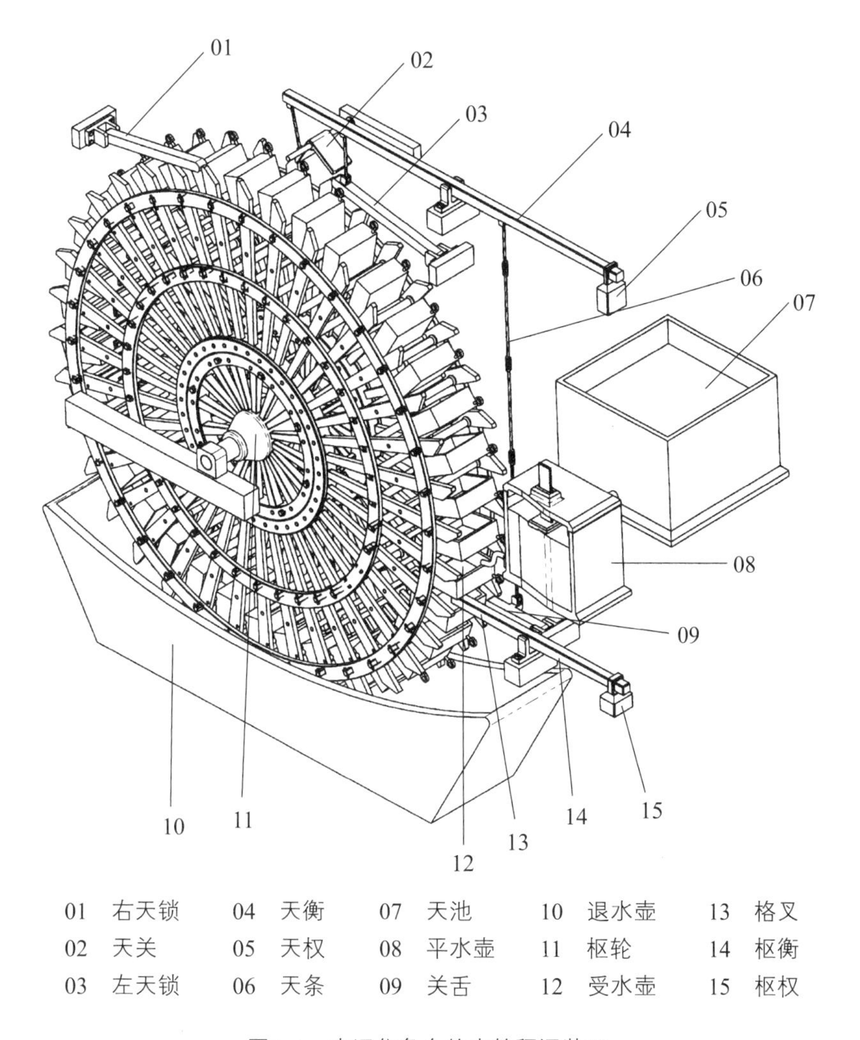

图4-1　水运仪象台的水轮秤漏装置

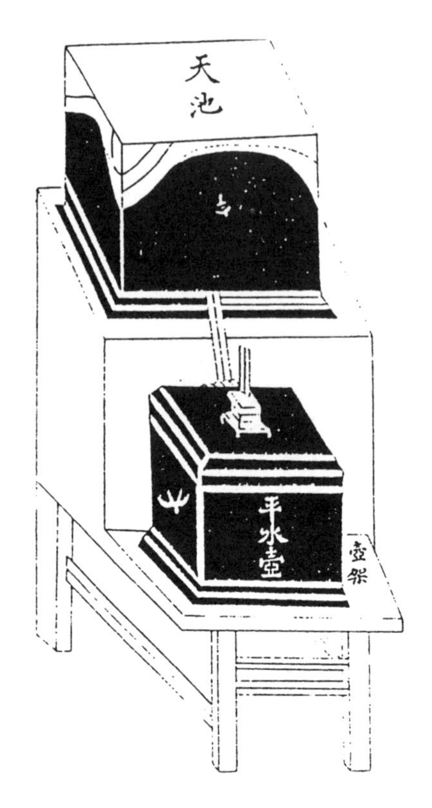

图4-2 水运仪象台的二级浮箭漏装置（苏颂，1983）[125]

此，秤漏成为皇家计时器，并被天文钟所采用。至唐朝开元十三年（723年），一行和尚和梁令瓒造水运浑天时，便掌握了秤漏的技术，并与水轮巧妙结合，制造了中国古代擒纵调速器模式——水轮秤漏机构。

北宋时期，对漏刻的研制丰富多样，在形式、结构、精确度方面都有新的进展，主要有浮漏与秤漏。苏颂之前的浮漏，主要有燕肃莲花漏与沈括浮漏，其创造了漫流平水法与多级补偿法相结合之漏刻标准型式，其精度可达10^{-4}（日误差约在15秒左右），而秤漏的精度一般高于浮漏，因而苏颂之定时秤漏装置的精度应不低于10^{-4}。

定时秤漏装置是一计时基件，决定整个机构的计时精度，其构造与运行方式在《新仪象法要》卷下的描述为："平水壶上有准水箭，自河车发水入天河，以注天池壶。天池壶受水有多少紧慢不均，故以平水壶节之，即注枢轮受水壶，昼夜停匀时刻自正。……枢衡、枢权各一，在天衡关舌上，正中为关轴于平水壶南北横桄上，为两颊以贯其轴，常使运动。首为格叉，西距枢轮受水壶，权随于衡东，随水壶虚实低昂。"（苏颂，1983）[125-126]

二、水轮杠杆擒纵机构

水轮杠杆擒纵机构是由枢轮、左天锁、右天锁、天关、天衡、天权、天条、关舌所组成。

枢轮、左天锁、右天锁组成一个棘轮机构。枢轮是原动轮，在其轮缘上共夹持三十六个受水壶（别本曰四十八个受水壶），将水的位能转换为整个机器的动能，并具有擒纵轮的功用。左右天锁即是棘爪，左天锁在擒纵枢轮的左转运动，右天锁防止枢轮受左天锁制止时激回右转。

天关、天衡、天权、天条、关舌组成一个天衡机构，亦是一个杠杆机构，其制为衡器，功用则与桔槔相同，目的在于“用力甚寡而见功多”（郭庆藩 等，1991）。天衡机构主要的目的是传递受水壶冲击关舌的动力，以拉动左天锁与天关，来控制枢轮的转动。然而枢轮之大，如何以受水壶对关舌的冲击力来拉动左天锁与天关，是天衡机构的设计要点，因而“用力甚寡而见功多”的桔槔是最佳的选择。在天衡机构的设计参数中，天关和左天锁的施力点与天条的位置皆随枢轮尺寸决定后固定，故只要调节天权的重量与位置，就可使天衡机构达到预期的功用。

天关也是其设计的要点，目的在使天衡的低昂有次第，并使枢轮的擒纵能够确切的运动。为了达到这些功用，并使天衡作动的力量主要是用来拉引天关，而非左天锁，其关键在天关之构形的设计，其与枢轮间的运动接头是一凸轮副。由《新仪象法要》中（图4–3）可知，天关为一截面为“く”形的横杆，南北方向置于枢轮

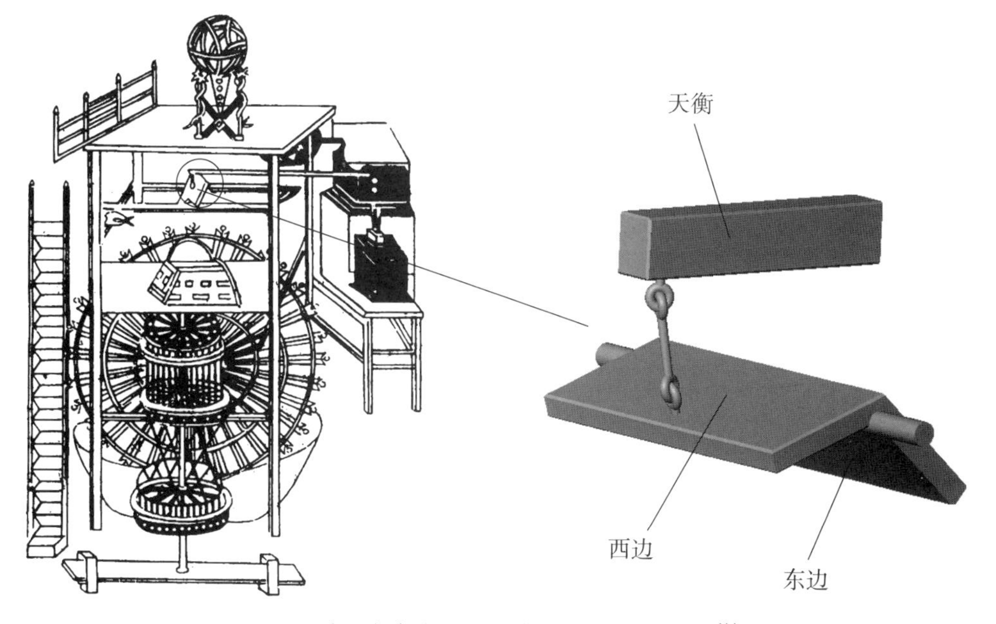

图4–3　水运仪象台的天关装置（苏颂，1983）[114]

上方，于西边的下缘以一连杆与天衡西端相连。如此，当天衡上扬时，西边先拨动枢轮时其略向右转，使左天锁与枢轮之间受力减少、甚至不受力，左天锁便轻易被上拉，此时天关西边恰掠过枢轮，故枢轮因而左转，左转后枢轮又碰击天关东边下缘，使天衡低倾，天关与左天锁再拒枢轮次轮辐，故枢轮因而右转再为右天锁拒止，此时天衡机构又回到平衡状态。如此周而复始，天衡机构的运动紧凑有序。《新仪象法要》卷下之描述为："天衡一，在枢轮之上中为铁关轴于东天柱间横桄上，为驼峰。植两铁颊以贯其轴，常使转动。天权一，挂于天衡尾；天关一，挂于脑。天条一（即铁鹤膝也），缀于权里右垂（长短随枢轮高下）。天衡关舌一，末为铁关轴，寄安于平水壶架南北桄上，常使转动，首缀于天条，舌动则关起。左右天锁各一，末皆为关轴，寄安左右天柱横桄上，东西相对以拒枢轮之辐。"（苏颂，1983）[125]

定时秤漏装置是采用反复积累能量、定时释放能量的方式，可调节二级浮箭漏均匀的流速，以控制秤漏的周期摆动频率，使水轮杠杆擒纵机构保持精确与规律性的间歇运动，来达到准确计时作用。《新仪象法要》之仪象运水法对其运动有详细的描述："水运之制始于下壶，……天池水南出渴乌，注入平水壶；由渴乌西注，入枢轮受水壶。受水壶之东与铁枢衡格叉相对，格叉以距受水壶。壶虚，即为格叉所格，所以能受水。水实，即格叉不能胜壶，故格叉落，格叉落即壶侧铁拨击开天衡关舌，掣动天条；天条动，则天衡起，发动天衡关；左天锁开，即放枢轮一辐过；一辐过，即枢轮动。……已上枢轮一辐过，则左天锁及天关开；左天锁及天关开，则一受水壶落入退水壶；一壶落，则关锁再拒次壶，激轮右回，故以右天锁拒之，使不能西也。每受水一壶过，水落入退水壶，由下窍北流入升水下壶。再动河车运水入上水壶，周而复始。"（苏颂，1983）[127-129]

第二节　近代擒纵调速器的发展

近代机械钟表主要的发展在西方。

14世纪以前，水钟的机械化在西方计时器的发展中占有极重要的地位。机械化水钟的运动，系以重锤用绳索、滚子和滑轮相连而产生，以带动报时装置；其运动的控制，是以一个浮子悬于水池来达成，而以漏壶装置来控制水池水量，使水均匀地流入或流出，本身并无擒纵机构。

西方的第一个擒纵调速器型式是摆杆机轴擒纵调速器，其代表作是发明于14世纪的德维克时钟（Usher，1929）。德维克时钟的动力为重锤驱动。其振荡器为一平衡杆，具有可调节的权重，以调节摆动频率；权重越重或距轴心越远，则摆动频率越慢。其擒纵机构为机轴擒纵机构，是属于反击式擒纵机构，利用机轴上下两块相互以直角或较大角度错开固定的掣板，随平衡杆的摆动频率与冠轮的轮齿交互作用，使传动齿轮系产生间歇运动。

16世纪初，以弹簧驱动为动力源的钟表成为趋势，而摆杆机轴擒纵调速器在型式与构造并没有太大改变。16世纪末，钟表的精确度有所提高，但仍存在相当的误差，直到17世纪中叶摆开始运用于时钟，取代了平衡杆，计时的精度才跃升至10^{-4}（日误差约在15秒左右）。

伽利略于1583年开始研究摆，其后建立摆的等时性理论。后来惠更斯承继伽利略的工作，对钟摆进行了更具体的研究，并于1657年制造了第一座摆钟。具游丝摆轮是振荡器的一种，其发明在17世纪末期，应归功于胡克、惠更斯（法，1674）、欧特费尔等人。其原理，就皮埃尔·勒·罗伊所言：“是在每一种弹簧的有效长度内，其在某一定长度下，无论其振幅为大或小，皆具有等时性。”因摆轮具有较大的振幅，在其规律的摆动中，不易受到外力的扰乱，可运用于携带式的钟表。

由于钟摆与具游丝摆轮的应用，促使威廉·克莱门特于1675年发明了锚状擒纵机构，其后与钟摆和摆轮相配合的擒纵机构相继发明，且型式多样。振荡器的特性对擒纵机构的构造，具有决定性。

钟摆只有极短的摆动弧度，因此配合之擒纵机构的有效直达角约为1.5至8度。而摆轮的摆动弧度有120至540度，其擒纵机构之直达角介于14至15度（卡雷列，1970）。主要型式可分以下三类：

1. 反击式擒纵机构，如钩形擒纵机构。

2. 停击式擒纵机构，如格雷姆擒纵机构。

3. 自由式擒纵机构，如杠杆式擒纵机构。

反击式擒纵机构，钟摆摆动在补充弧线之间，其擒纵轮的逆转，对振荡器自由摆动有不良影响。而停击式擒纵机构是针对这项缺点所改良，因此其动力的损失极小，故此类擒纵调速器可将钟摆摆动之弧度维持在极小的限度；其中，以格雷姆擒纵机构的性能最佳，由于其具有摆幅极小的特性，符合单摆等时性的原理，精度极高，可度量的时间单位为0.1秒，故多用于天文钟上。

虽然格雷姆擒纵机构使摆钟达到高度的精确性，但是重锤驱动时钟之精确度仍具有一定的限度。天文观测上对时间精度的要求日益提高，19世纪中叶，电气设施的发展，提供了一种新的装置，以维持与控制摆之运动。电磁驱动擒纵调速器设计的主要困难，是提供一施于摆之冲击力的机构，并且必须对其运动的干扰减至最低。此项困难在1905年为霍普·琼斯所发明的同步分离重力擒纵机构所克服，其主要是因为具有一个非经常性冲击的同步开关装置。然而之前的电磁驱动的擒纵调速器，是用钟摆直接驱动擒纵轮，以运转时钟，故钟摆的运动易受干扰。因此，在1879年戴维·吉尔爵士提出电气钟需要有一个自由摆装置，此建议被路德于1898年发明的路德自由摆装置所实现。电磁驱动擒纵调速器的发展，直到肖特于1921年建造之电气钟才至臻完备，其是以断续同步器来实现从动钟与自由钟间的两个摆之相位差保持不变。肖特电气天文钟，在精度上日误差不超过0.002—0.003秒（Hope-Jones，1931）[232]。

电气表的擒纵调速器，其擒纵机构与一般弹簧驱动之机械表大致相同，而振荡系统一般是采用可动磁钢型摆轮，依靠脉冲驱动线圈与永久磁铁的耦合作用，将电池的能量传给摆轮组件，以维持摆轮的等时性摆动，而摆轮的摆动是通过擒纵机构（如杠杆式擒纵机构）来推动电气表的齿轮系。

20世纪由于微电子组件的发明及对新材料的认识，电子钟表如雨后春笋般出现，擒纵调速器不再只是机械型式。20世纪50年代出现了音叉电子表，是利用音叉机械式的振荡频率作为计时的基准，其响应来自驱动线圈的脉动，而擒纵机构则被棘爪机构所取代。20世纪60年代起，制表工艺掌握了石英晶体振荡器技术，其利用高频率与高稳定度的石英振荡频率，经过电路驱动类似擒纵机构功能的步进马达或集成电路。

20世纪60年代以前，天文计时器的发展一直以天体的宏观运动为基础的天文时，由于实测方面存在困难，天文时的准确度与均匀性受到限制，原子钟出现后，天文计时器产生了重大变革。从1967年起，以地球运动规律为基础的时间天文标准，被以物质内部微观运动特征为基础的原子时所取代，其擒纵调速器的型式变成了晶体振荡器与原子放射装置，准确度达10^{-13}（日误差约在10^{-8}秒左右）。

第三节　比　较

虽然本文主题在探讨擒纵调速器之运动的产生与控制，然而新原理发现的影响及机械观念的改进，并非局限在单一方面，对其动力运用所造成的影响，亦占极重要的部分。因此，本节以水力、重力与弹力、电磁力等不同动力驱动方式，将擒纵调速器分为三个阶段来探讨。以下先介绍重锤与弹簧驱动和电磁力驱动之擒纵调速器中较具代表性的时钟，了解其特性，再与水运仪象台的水轮秤漏装置比较。

一、重锤与弹力驱动擒纵调速器

不论是重锤或弹力驱动的钟表，其动力都是直接作用在传动机构的主齿轮上，所以其擒纵调速器之目的在节制动力的流动，并且使各轮保持等时性的运转。

此类擒纵调速器的型式很多，然振荡系统只有摆杆、摆锤、摆轮三类，皆利用其左右摆动将时间分成相等的若干段落。擒纵机构是安插在振荡器与齿轮传动机构之间，能使振荡器之摆动变为传动机构的间歇旋转运动。振荡器必须从擒纵机构中接受齿轮传动装置的动力传递，使在其摆动中长久保持此动力。从擒纵机构将其传递于振荡器之上，为使摩擦力与动力损失趋于最小，擒纵爪之旋转点与带动角等的各种有效角度以及隆起面等，须要妥为设计。

在重锤或弹力驱动的擒纵调速器中，以格雷姆擒纵机构之摆钟的计时质量最佳，常为天文钟所采用。以下以格雷姆擒纵机构的摆钟为例，来说明此类擒纵调速器的运动（图4–4和图4–5）：

1. 当摆的位置从右折回点（P_{R_0}）至动力传动始点（P_{R_1}）时，进棘爪的锁面沿着擒纵轮的作用齿（T_1）齿面滑动一定角度。
2. 当摆的位置从动力传动始点（P_{R_1}）至动力传动终点（P_{R_3}）时，擒纵轮的作用齿（T_1）施予进棘爪的冲面AA'一冲力，然后将动力传至钟摆上。
3. 当摆的位置至动力传动终点（P_{R_3}）时，即擒纵轮之作用齿（T_1）将离开进棘爪的冲面A'边，继续向右旋转一定倾斜角，直至另一作用齿（T_8）被出棘爪抵挡而静

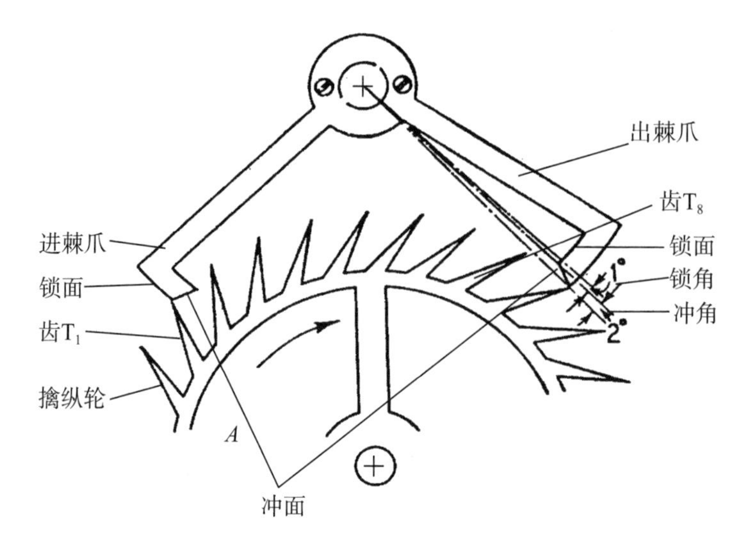

图4-4 格雷姆停击擒纵机构（卡雷列，1968）

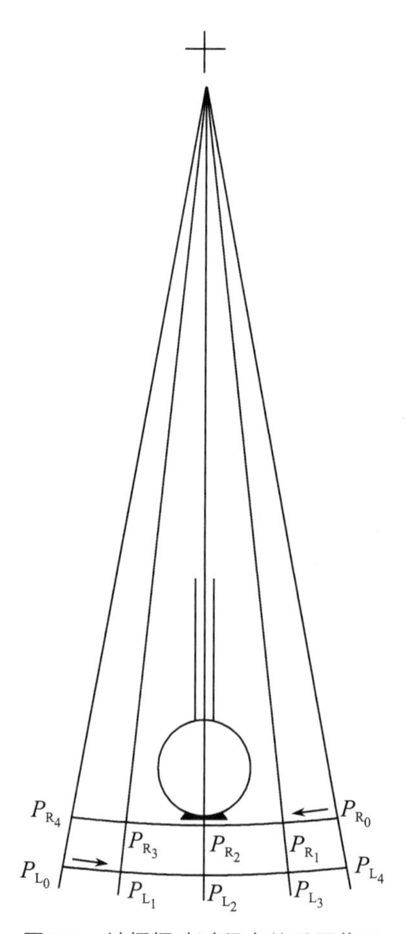

图4-5 钟摆摆动过程中的重要位置

止（擒纵轮此时不会再旋转）；之后，出棘爪沿着齿T_8齿面在锁面滑动。此时，摆与出棘爪继续向左摆动，直到摆位置至左折返点P_{R_4}。

4. 当钟摆做另一半周期摆动（从左折返点P_{L_0}至右折返点P_{L_4}）时，其擒纵作用过程相同。

二、电磁驱动擒纵调速器

最早且具完整性的电磁驱动时钟，应属1921制造的肖特时钟（图4–6），具有从动钟、自由钟、断续同步器三个重要的装置。（Langman et al. 1927）

从动钟是由一同步分离重力擒纵机构与一从动摆组成，然而其等时性运动有一定误差，需要以断续同步器来校正从动摆，使其摆动达到精确的等时性运动。如此，其振荡器即是由从动摆、自由钟、断续同步器组成的二级摆装置。

同步分离重力擒纵机构是由一棘轮机构与一同步开关组成。棘轮机构直接由从动摆驱动，同步开关是电气钟成功的最关键装置，具有以下三种功用：

1. 非经常性冲击：每间隔30秒钟在摆的上部给予摆一次冲击，不但可维持摆之运动所需的动力，而且对其摆动的干扰减至最小。
2. 供应一种开关接触：利用电磁力原理，在每一次冲击后使重力杆回复原位。
3. 输出一同步讯号以驱动自由钟。

自由钟有一自由摆提供标准计时单位，亦具一同步开关，可以每间隔30秒钟提供一冲力，以维持摆的等时性运动，同时输出一同步讯号给断续同步器以校正从动摆。断续同步器是从动摆与自由摆有效联系的重要装置，其作用是校正从动摆的摆动，使两个摆的频率相同且具等时性。因此，同步开关对钟摆的冲击位置与从动摆和自由摆的摆动相位设计，是相当重要的。如下说明其运动（图4–6）：

1. 首先以从动摆为动力来驱动具15齿的擒纵轮，擒纵轮再带动整个时钟运转。
2. 擒纵轮上有一叶板，当擒纵轮每转一圈时拨动同步开关，使重力杆G落下，重力杆的滚子便对从动摆上的托架施予冲击，以维持摆运动所需的动力。此时从动摆正从摆的零点（最低点）向右摆动。当重力杆G落至最低点与接触螺丝接触时，产生两个电流通路，一则使电枢A立即被磁铁M吸引，顺势将重力杆G击回原位，并成断路；另则作动磁铁E，释放冲击杆G_1，将冲击力传给自由摆，此时自由摆的相位正向右摆动约在零点之前。
3. 当冲击杆G_1落下触动挡板K_2的板翼，且释放开关杆G_2时，开关杆G_2上的臂S及冲击杆G_1上的凸轮T作动，使冲击杆G_1重回挡板K_1之上。

4. 当开关杆G_2落下与接触螺丝接触时，造成电流通路，使电枢A_f受磁铁M_f的磁力吸引，并将开关杆G_2击回挡板K_2之上，而成断路。同时，产生一同步讯号，作动断续同步器以校正从动摆的等时性。

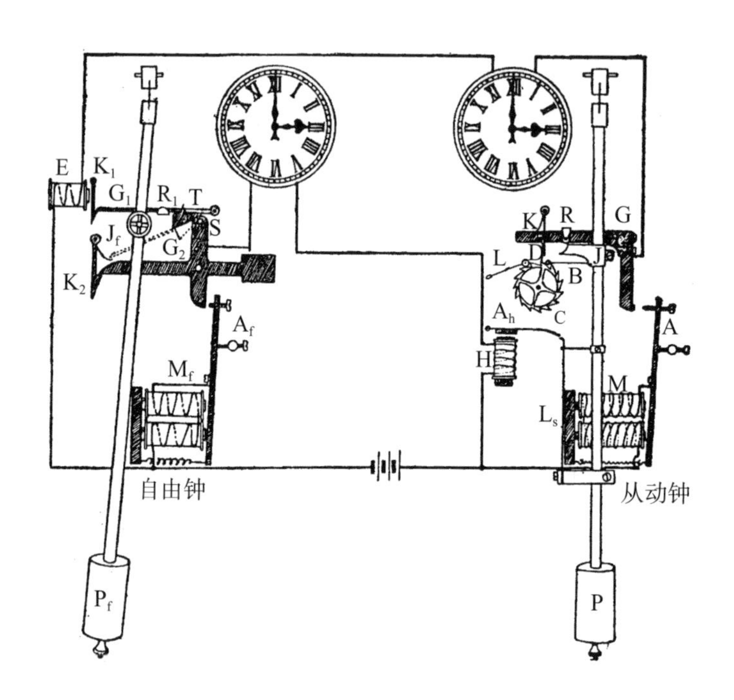

二级摆:
1. 从动摆（P）
2. 自由钟：自由摆（P_f）和同步开关
同步开关：磁铁（E）、冲击杆（G_1）、宝石滚子（R_1）、轮（J_f）、电枢挡板（K_1）、凸轮（T）、开关杆（G_2）、挡板（K_2）、臂（S）、磁铁（M_f）、电枢（A_f）。
3. 续断同步器：磁铁（H），电枢（A_h），钢板弹簧（L_s）。
同步分离重力擒纵机构:
1. 棘轮机构：擒纵轮（C），止退杆（L），采钩杆（B）。
2. 同步开关：拨片（D）、挡板（K）、重力杆（G）、滚子（R）、托板（J）、磁铁（M）、电枢（A）。

图4-6　（英）肖特时钟的电磁驱动擒纵调速器（Hope-Jones，1931）[219]

三、比较

由图4-7可了解各式擒纵调速器间的异同。水力与电磁力驱动者，动力源皆直接作用在擒纵调速器，而且是以振荡器的摆动直接驱动擒纵轮，以带动齿轮传动机构；而重力与弹力者，则是直接驱动齿轮传动机构，擒纵调速器则用来调节动力流量，使其能产生等时性的间歇运动。

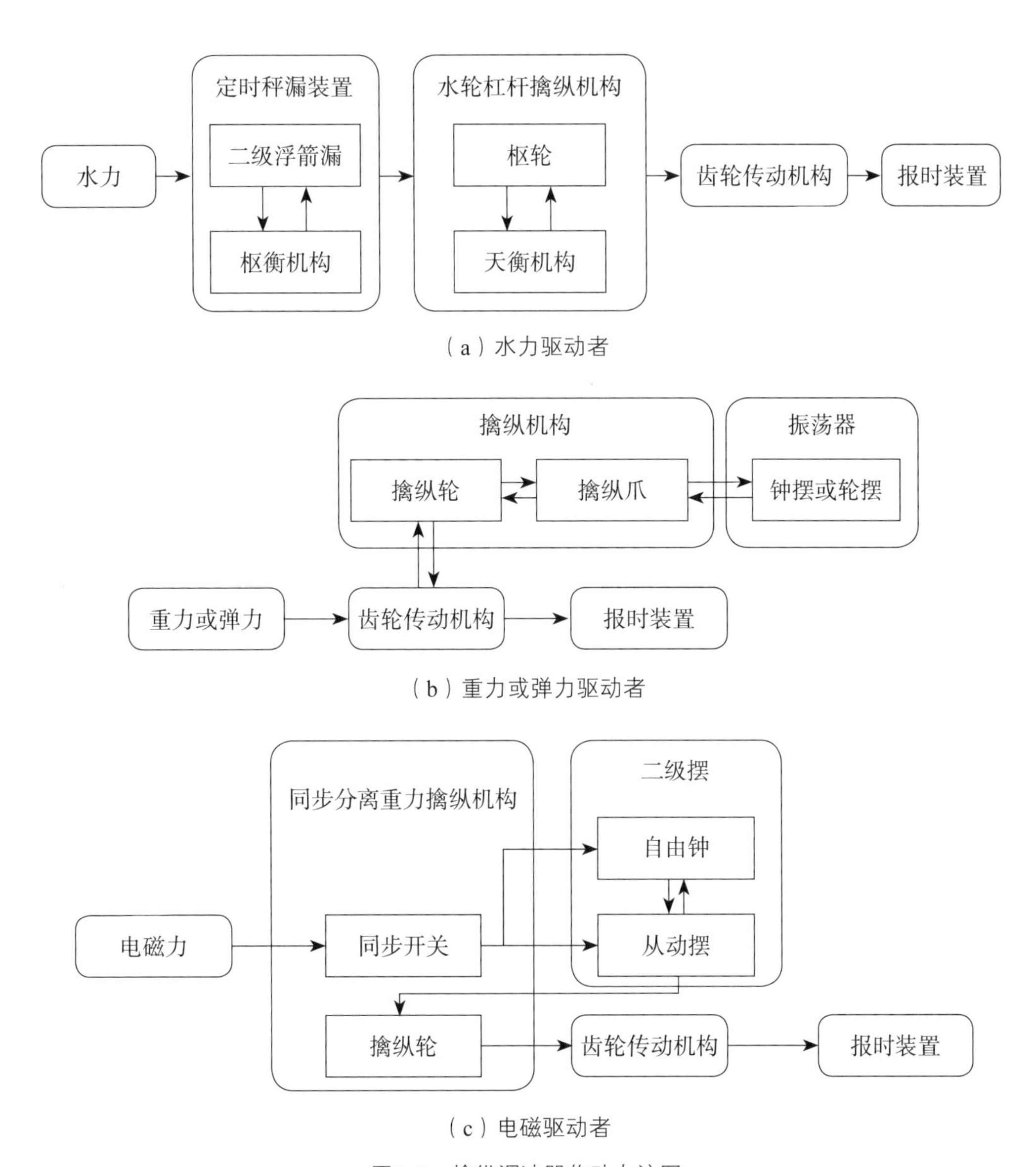

（a）水力驱动者

（b）重力或弹力驱动者

（c）电磁驱动者

图4-7　擒纵调速器作动力流图

水力者，定时秤漏装置之动能来自平水壶的均匀水流，以反复积累能量、定时释放能量的方式来达到等时性的要求。重力、弹力、电磁力者，皆以钟摆与摆轮的摆动作为计时基件，因钟摆具有等时性摆动，摆轮则在某一定的弹簧长度下可产生真正的同步摆动。其摆动之动力维持皆来自擒纵机构的冲击力，但电磁力者的从动摆则直接驱动擒纵轮，其摆动须以自由摆来校正，故其振荡系统为二级摆的型式，与水力者之二级浮箭漏的设计概念极为相似。

重力与弹力者的擒纵机构有两大作用：一是把动力分派到振荡器，维持其运动；二是操纵齿轮传动装置的运转。水力者的水轮杠杆擒纵机构，不必将动力分派至振荡系统，但却接受振荡系统定时摆动的冲力，而产生周期的天关摆动，以擒纵枢轮的间歇运动，同样有控制枢轮与传动系统转速的功能。电磁力者之同步分离重力擒纵机构，以同步开关装置将动力传给振荡系统，亦接受振荡器等时性摆动的驱动。

第四节　结　论

纵观擒纵调速器的发展，其基本的发明并非属于任何单独个人，系在时钟实际制造过程中所完成。科学的研究导致新原理的发现本非简单；而对已知科学原理进行创新与运用，并达到辉煌的成就更是不易，苏颂、德维克、惠更斯、肖特等皆属之。

苏颂之水运仪象台是建造在中国古代科学技术极为兴盛的宋朝，当时科技工艺日新月异，水轮动力机械充斥各灌溉河域、磨坊、纺织坊等，天文仪器在量和质上都有杰出的成就，并建立了漫流平水法与多级补偿法相结合的漏刻标准型式。苏颂在既有的科技基础上，不仅兼采诸家之说、兼用诸家之法，并加以创新发展，制造了这一多功能的大型天文钟；尤其掌握了秤漏与杠杆的特性，创造出精度更高的水轮秤漏装置。

摆杆机轴式擒纵调速器是近代钟表擒纵调速器原理的起源，然而经历了300余年的发展，在精度上未能符合天文观测与精密科学工作的需要。1585年伽利略已发现单摆的等时性原理，但直到1657年惠更斯才成功将钟摆运用在时钟上，也促成锚状等各式擒纵机构的发明，因而使能量传递的损耗更少，精度也大大提升。

1820年奥斯特发现电磁感应原理，1840年贝恩和惠斯顿开始将此原理运用到钟表上，1921年肖特以断续同步器整合1898年路德发明的自由摆与1905年霍普·琼斯发明之同步分离重力擒纵机构，从而制造了完整的电气天文钟。20世纪中叶之后，由于科学技术发展极为迅速，钟表朝向电子化与原子化发展。

在擒纵调速器的发展过程中，不同动力的运用，造就其不同的机构型式。水力与电磁力者，其动力型态较相似，故其设计概念亦较类似。重力、弹力、电磁力者，其振荡器型式相同，在机构上的安排也较为相近，这些异同皆可由图4-7的比较得知。

第五章

中国古代擒纵调速器的复原设计

根据文献的考证，最早之擒纵调速器是发明在中国，然对于发明的时间与人物依然存在着分歧；有些学者认为是唐代的一行和尚与梁令瓒，有些认为是北宋的张思训，有些则认为是北宋的苏颂与韩公廉。其中，除了苏颂于1092—1096年间撰写的《新仪象法要》一书对水运仪象台之运动与构造有详尽的记载和图解，可以了解其机构的构造之外，其他皆因文献记载过于简略或无图示，无法了解其机构的构造究竟为何。虽然李约瑟曾于1958年重申“现有足够资料证明，第一个水轮联动擒纵机构是一行与梁令瓒在720年前后制成的”，但亦没有提出其机构图形。这是在探讨古代机械发展过程中常常遇到的困难，尤其是针对一些有凭无据之失传古机械的复原研究，由于文献记载的不完整，实物没有流传，对于其机构的构造大都不可细考，使复原工作产生很大的困难，一般仍停留在史料研究的阶段，即使有进行复原设计者，其概念常源自设计者的知识、经验及巧思，而往往找不到适当且正确的答案。

古机械复原研究中最困难的是复原设计。本研究针对此问题提出一套古机械复原设计程序，结合机构创新设计方法（Johnson，1973）（Yan，1992，1998）和机械演化与变异原理（张春林 等，1999）[68-86]，有系统地设计符合复原对象的当代科学理论与技术手段之所有适当可行的复原方案，并以中国古代擒纵调速器为例，说明此程序。

第一节　古机械的复原设计程序

本研究所提出之古机械装置的复原设计程序，如图5–1所示，以下说明其设计步骤。

步骤一　古机械装置

面对一古机械装置的复原设计，需透过史料研究去认识问题与定义问题，以得到设计规范，并了解当时科学理论与技术方法。有关古机械装置的史料研究，可参阅1–2节。

步骤二　原始设计

由史料研究的过程中可能发现一个或数个已有设计，并归纳出这些设计的基本拓扑构造特性及设计需求与限制。

分析一个机械装置的首要步骤为判认其拓扑构造。机械装置的拓扑构造，取决于机件与接头的类型及数目，以及机件与接头之间的邻接和附随关系（颜鸿森，1997）。有些机械装置的机件与接头很特殊，或文献记载过于简略，难以直接观察出它们的类型，必须深入了解其运动功能后，才能做出正确的判认。唯有正确判认出机械装置之拓扑构造，其机构分析工作的进行才有意义。根据拓扑构造矩阵的概念可以判别这些已有设计的同构性，并归纳出这些设计的基本拓扑构造特性及设计需求与限制。

机械装置的拓扑构造可用拓扑构造矩阵表示（黄以文，1990）[27–32]（Yan，1998）[85–170]。一个具有N_L根机件与N_J个接头之机械装置的拓扑构造矩阵，为一个$N_L \times N_J$的方矩阵，其对角线元素$e_{ii}=u$表示机件i的类型为u；假如机件i与k邻接，则右上角非对角线元素$e_{ik}=v$（$i<k$）表示附随机件i与k的接头类型为v，左下角非对角线元素$e_{ik}=w$表示该接头的标号为w；假如机件i与k不互邻接，则$e_{ik}=e_{ki}=0$。

倘若无法由文献数据得到原始设计，可直接跳到步骤四，从一般化链目录寻找符合设计规范要求的一般化链图谱。

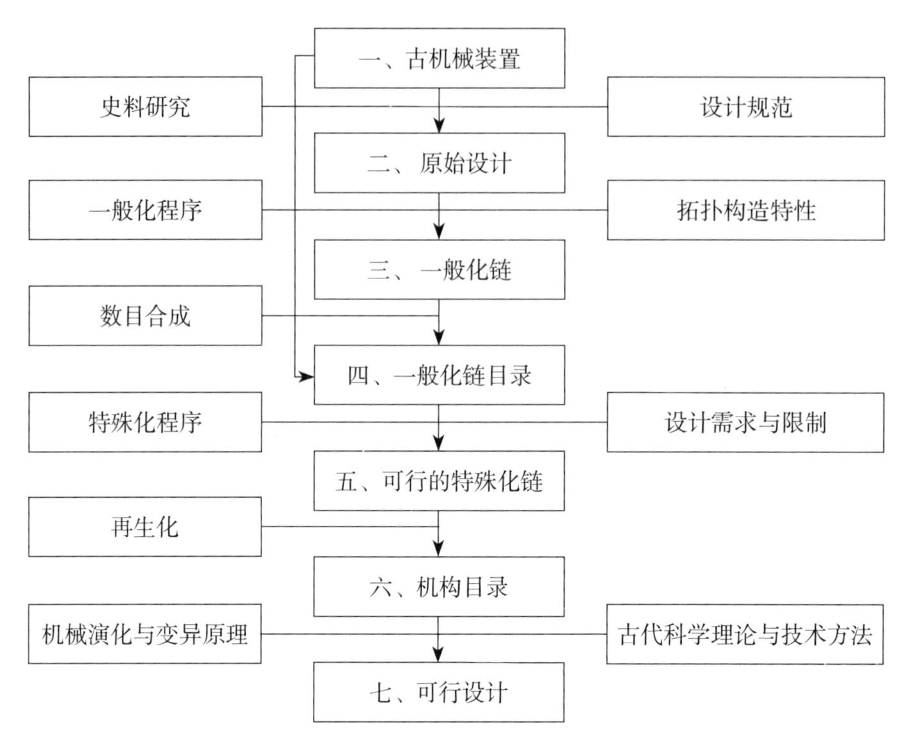

图5-1　古机械装置的复原设计程序

步骤三　一般化链

任何一个已有设计都可作为原始设计，本步骤是选择一个可用的既有设计作为原始设计，以一般化原则与规则（Yan et al. 1988），将其转化为相对应的一般化链。

一般化的目的，是将含有各种类型的机件和接头的原始机械装置，转化成只含有一般化连杆和一般化接头的一般化链。机械装置的组成组件虽各有不同，但均可对应转化成只含一般化连杆和一般化接头的一般化链。一般化过程的基础是建立在一套一般化规则上，而一般化规则是根据所定义的一般化原则导出。经由一般化过程，设计者能够用一种非常基本的方式来研究和比较不同的设计。许多机械装置起初乍看之下并不相同，却可能具有相同的一般化形式。

步骤四　一般化链目录

本步骤是运用数目合成理论或图论，合成出与原始一般化链的杆件数（N_L）与接头数（N_J）相同的所有可能的一般化链。各种（N_L，N_J）一般化链的图谱，可运用数目合成理论，即通过对其相对应的连杆类配对进行组合来获得，亦可利用图论之区块的图谱转换而得到。但一些重要的一般化链图谱都已建成数据库（Yan，1998）[85-170]，可直接从数据库选用即可。

步骤五　可行之特殊化链

经由特殊化程序（Yan et al. 1991），将就步骤四所获得的每一个一般化链，指定其机件与接头类型，以获得符合设计需求与限制的可行特殊化链图谱。

根据一定的设计需求与限制，在可行的一般化链图谱中分配特定类型的杆件与接头的过程，称为特殊化。一个一般化链，在根据设计需求进行特殊化以后，即称为特殊化链。满足设计限制的特殊化链，则称为可行特殊化链。特殊化程序可用于枚举并计算出所有可能的非同构特殊化链。根据此程序，设计者能够获得具有特定类型的杆件和接头的特殊化链的完整图谱。一个一般化链可以特殊化为拓扑构造不同的各种机械装置。

步骤六　机构目录

将可行特殊化链图谱根据机械装置的运动与功能要求，一一再生化为与其相对应的机构简图，以获得机构图谱目录。就图示而言，再生化是一般化的逆向过程，可通过应用一般化规则的逆向顺序来完成。

步骤七　可行设计

步骤六所得的机构目录，只要根据机械装置的运动与功能要求进行再生化。本步骤则是针对所要复原之古机械装置的当代科学理论与技术方法，利用机械演化与变异原理，以步骤六所得的机构图谱进行机械演化与机构等效变换，找出适当可行的机构，作为复原设计的图谱。

第二节　水轮秤漏装置的复原设计

2-4节根据表2-7将中国古代机械钟的发展分为以下三个阶段：1. 具有水力装置的天文钟；2. 具有报时机构的水力天文钟；3. 无天文仪器的机械时钟。

第一阶段由于古籍记载过于简略，亦无其他史料可以证实此一阶段的天文钟存在着擒纵调速器，一般认为中国古代擒纵调速器是起源于第二阶段的天文钟；其中，以北宋苏颂于1088年所造的水运仪象台最为可信。因在《新仪象法要》中，对其构造与零件尺寸有详尽的记载，并有图示，且详细地说明定时秤漏装置与水轮杠杆擒纵机构如何相互配合做到等时性与间歇性的计时作用，使这种水轮秤漏装置模式的擒纵调速器得以流传。虽然苏颂的水轮秤漏装置应是中国古代擒纵调速器杰出之作，却非首创之作，在《宋史·律历志》中对王黼玑衡的记载中，有描述擒纵调速器的文字，且称“自余悉如唐一行之制”（脱脱 等，1983）[1906–1908]。因此，以下将就中国古代擒纵调速器复原设计程序进行设计。

步骤一　中国古代擒纵调速器

擒纵调速器乃机械钟的重要特征，是由振荡装置和擒纵机构两部分组成，振荡器是具有均匀周期性运动的产生装置，擒纵机构则是运动的控制机构。故擒纵调速器是靠振荡装置的周期振动，使擒纵机构保持精确与规律性的间歇运动，从而取得调速作用。

中国古代擒纵调速器的发展是建立在漏刻与杠杆技术的基础上的。在中国古代，漏刻与杠杆机构不但起源很早，且运用得非常普遍。历代对漏刻与杠杆机构的研制丰富多样，在形式、结构、精确度方面都有新的进展。漏刻是中国古代主要的计时器，利用漏壶输出均匀的水流，以箭尺来计时，在形制结构上以浮漏和秤漏为主，亦有为改善水漏缺点的水银漏与沙漏。杠杆机构，则以桔槔与衡器为代表。将作为重量比较组件的衡器与作为力量放大组件的桔槔，二者整合为一个擒纵机构来控制水轮运动。综合以上所述可得到其设计规范如下：

1. 它是一个擒纵调速器。
2. 它有一个水轮。
3. 它有一个独立的输入，且具有一个等时间歇的输入运动。
4. 它有一个控制水轮运动的擒纵机构。

步骤二　原始设计

由史料研究的结果，以苏颂水运仪象台的水轮秤漏装置描述最为详尽，故以其为复原设计之原始设计，它是由定时秤漏装置与水轮杠杆擒纵机构所组成，是中国古代擒纵调速器独有的型式，如图4-1所示。

1. **定时秤漏装置**

定时秤漏装置整合了二级浮箭漏与枢衡机构，用来产生均匀的周期性运动，组成的机件有天池壶、平水壶、受水壶、枢衡、枢权、格叉。

2. **水轮杠杆擒纵机构**

水轮杠杆擒纵机构是由棘轮机构与天衡机构所组成，接受振荡系统定时摆动的冲力，而产生周期的天关摆动，以擒纵枢轮的间歇运动。机件有枢轮、左右天锁、天关、天衡、天权、天条、关舌。

水轮秤漏装置是以定时秤漏装置采用反复积累能量、定时释放能量的方式，来调节二级浮箭漏均匀的流速，以控制秤漏的周期摆动频率，使水轮杠杆擒纵机构保持精确和规律性的间歇运动，从而达到准确计时作用。

3. **拓扑构造矩阵**

将苏颂的水轮秤漏装置画成机构简图，如图5-2（a），并定义其拓扑构造矩阵。枢轮（K_2）是整个钟塔的动力轮，利用轮毂将动力经齿轮传动机构传至浑仪、浑象、报时装置，其轮毂则以旋转副（J_R）和机架（K_F）邻接。定时秤漏装置是一振荡器，利用受水壶（K_6）输出等时的周期性运动，受水壶是以旋转副和枢轮邻接。天衡机构即是一杠杆机构，关舌（K_5）以旋转副和机架邻接，承受受水壶等时的间歇冲力，与受水壶间附随接头类型是属于凸轮副（J_A）。

天条（K_4）即为铁鹤膝（链条），乃是一挠性机件，作为天衡（K_3）与关舌间长距离之运动与动力的传动机件。其拓扑构造可等效为一刚性连杆，以旋转副分别和天衡与关舌邻接。天衡以旋转副和机架邻接，与枢轮间是以天关装置连接，目的在使天衡的低昂有次第，并对枢轮的擒纵能够确切的作动。但天关装置在古籍记载中并不清楚，可将它视为一接头，而且是一种有两个自由度的平面运动副，以J_T表示。故得到其拓扑构造矩阵（M_T）为：

$$M_T=\begin{bmatrix} K_F & J_R & J_R & 0 & J_R & 0 \\ a_0 & K_2 & J_T & 0 & 0 & J_R \\ b_0 & a & K_3 & J_R & 0 & 0 \\ 0 & 0 & b & K_4 & J_R & 0 \\ c_0 & 0 & 0 & c & k_5 & J_A \\ 0 & e & 0 & 0 & d & K_6 \end{bmatrix}$$

其中，方矩阵之对角元素表示机件类型，右上角非对角线元素表接头类型，左下角非对角线元素表接头标号。

因此，可归纳出水轮秤漏装置的拓扑构造特性如下：

1. 其为六杆八接头的平面机构。
2. 其杆件包含固定杆（杆G，K_F）、水轮（杆2，K_2）、天衡（杆3，K_3）、天条（杆4，K_4）、关舌（杆5，K_5）、受水壶（杆6，K_6）。
3. 具有一个天关接头（J_T），一个凸轮副，六个旋转副。
4. 其自由度为一。
5. 具有多接头的固定杆。

步骤三　一般化链

由水轮秤漏装置简图，根据一般化原则与规则经由下列的步骤，转化为相对应的一般化链。首先，水轮（杆2）一般化为三接头连杆，天衡（杆3）一般化为三接头连杆，天条（杆4）一般化为二接头连杆，关舌（杆5）一般化为三接头连杆，受水壶（杆6）一般化为二接头杆，并将所有接头皆转化为一般化接头，以获得相对应的一般化机构，如图5-2（b）所示。其次，解除固定杆的约束，成为具有六个一般化连杆与八个一般化接头的一般化链，如图5-2（c）所示。

步骤四　一般化链目录

将水轮秤漏装置转化成相对应的（6，8）一般化链，接下来的步骤是要得到具有所要求杆件数（N_L）与接头数（N_J）之全部可能的链。各种（N_L，N_J）一般化链的图谱，可直接由数据库选用即可。因此，可得图5-3所示之9个（6，8）一般化链图谱。

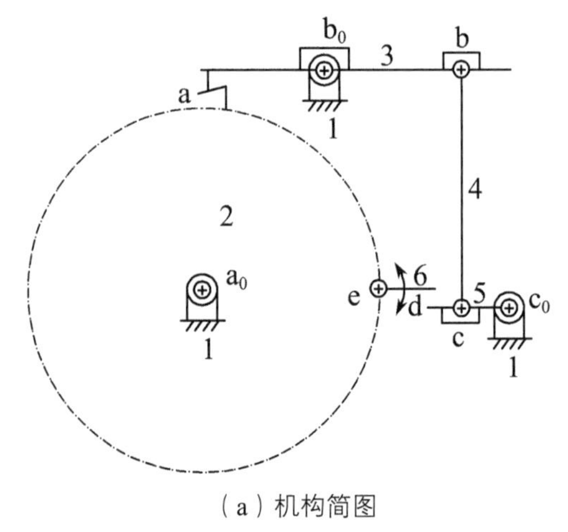

（a）机构简图

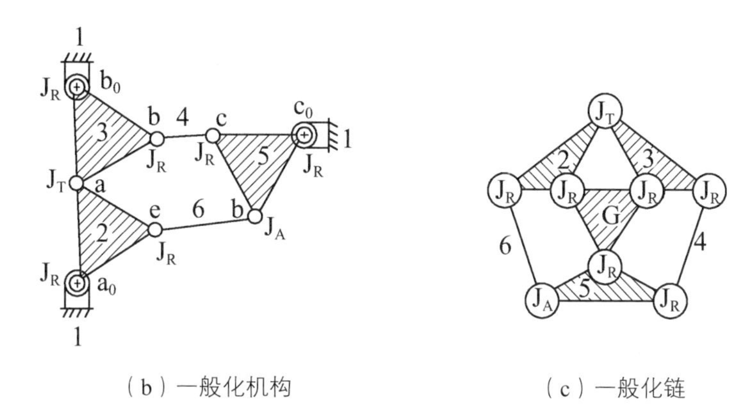

（b）一般化机构　　（c）一般化链

图5-2　苏颂水轮秤漏装置

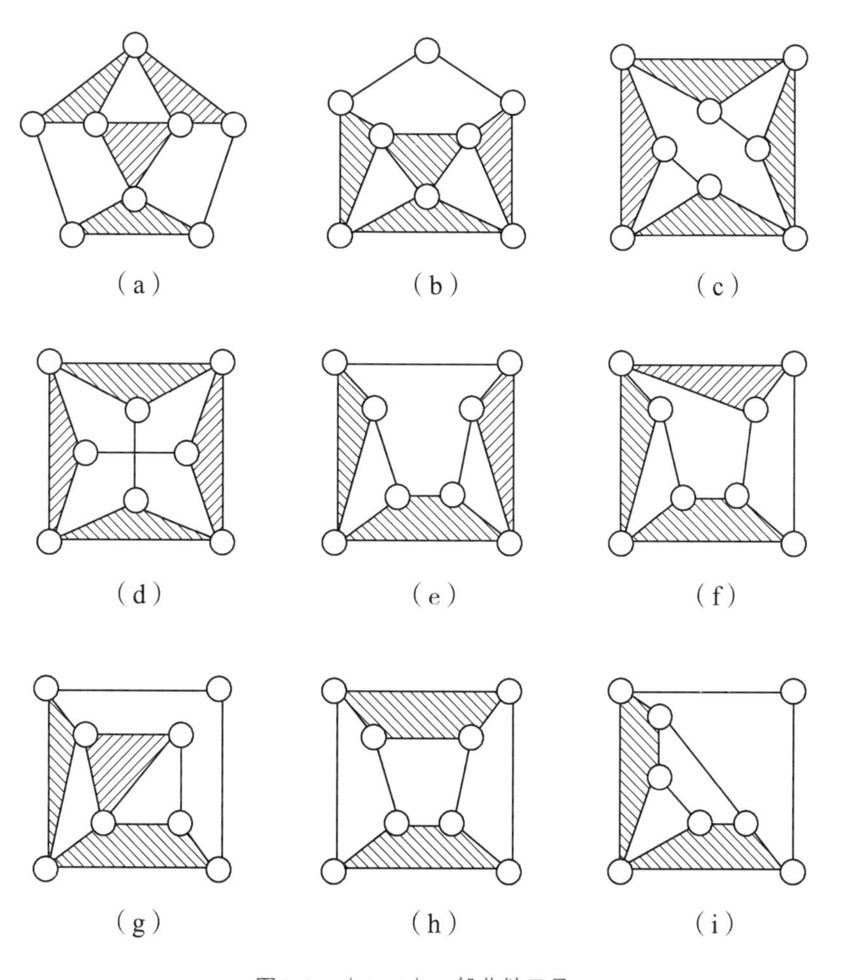

（a）　（b）　（c）

（d）　（e）　（f）

（g）　（h）　（i）

图5-3　（6，8）一般化链目录

步骤五　可行的特殊化链

在获得一般化链图谱之后，根据下列步骤可以找出全部可能的特殊化链：

1. 对于每一个一般化链，找出全部可能情形下的固定杆。

2. 对于在步骤一中获得的每一个情形，找出杆2。

3. 对于在步骤二中获得的每一个情形，找出杆6。

4. 对于在步骤三中获得的每一个情形，找出杆3。

5. 对于在步骤四中获得的每一个情形，找出杆5。

6. 对于在步骤五中获得的每一个情形，找出杆4。

这些步骤之执行必须遵守以下的设计需求与限制。设计需求是以苏颂水轮秤漏装置的拓扑构造来确定的，然根据史料研究结果，中国古代擒纵调速器之定时秤漏装置的运动输出杆件（受水壶）不一定在水轮上。因此，解除杆6和杆2邻接的限制，并分两部分来进行特殊化：一是秤漏之受水壶必在水轮上，二是秤漏之受水壶必不在水轮上。故以下的程序针对此两部分分别进行。

一、杆6必在杆2之上：

设计需求和限制如下：

1. 固定杆（杆G）

（1）每个一般化链中，须有一固定杆作为机架。

（2）固定杆必须是多接头杆。

2. 枢轮（杆2）

（1）以旋转副（J_R）和固定杆邻接。

（2）以天关接头（J_T）和杆3邻接。

3. 定时秤漏装置（一运动的产生装置，其输出杆为杆6）

（1）杆6为水轮秤漏装置的输入杆。

（2）杆6必为双接头连杆。

（3）杆6必在杆2之上。

（4）杆6不可与固定杆相邻接。

4. 杠杆机构（具有杆3、杆4及杆5）

（1）杆3以天关接头（J_T）和杆2邻接。

（2）杆3或杆5以凸轮副（J_A）和杆6邻接。

（3）若杆5与杆6相邻接，则杆5须直接或间接对杆3作动。

（4）若杆5不与杆6相邻接，则杆5与杆4可相互换置。

根据特殊化程序，共可获得十一个非同构特殊化链，去掉具呆链与无效双连杆者，可得四个可行之特殊化链，如图5–4所示。

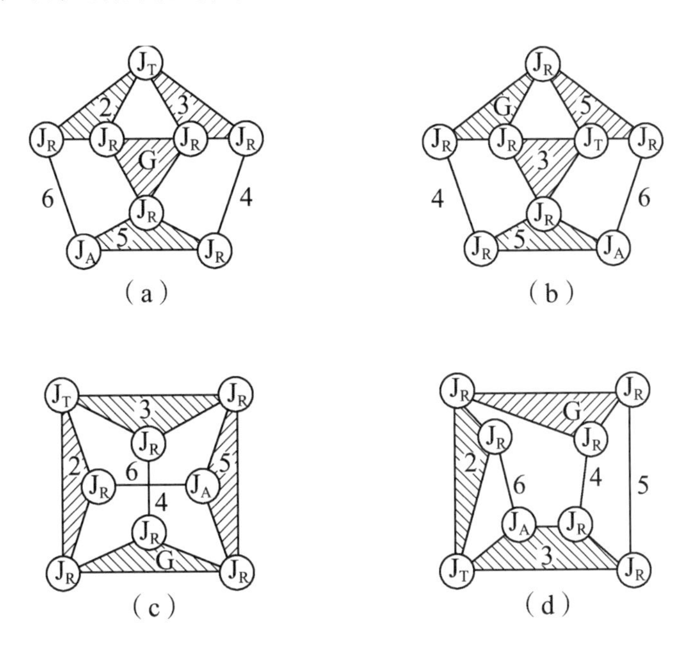

图5–4　可行特殊化链目录（杆6必在杆2上）

二、杆6必不在杆2之上：

则设计需求和限制与上者（即杆6必在杆2上）不同之处有：

1. 杆2必为双接头连杆。

2. 杆6不可与杆2相邻接。

3. 杆6以旋转副（J_R）和固定杆邻接。

根据特殊化程序，共可获得十四个非同构特殊化链，去掉具呆链与无效双连杆者，可得四个可行之特殊化链，如图5–5所示。

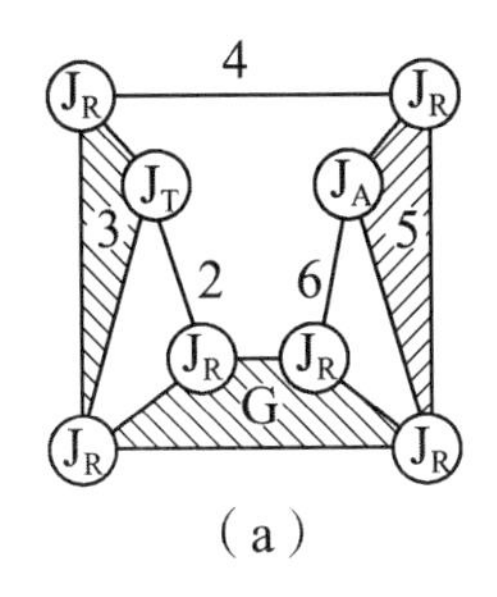

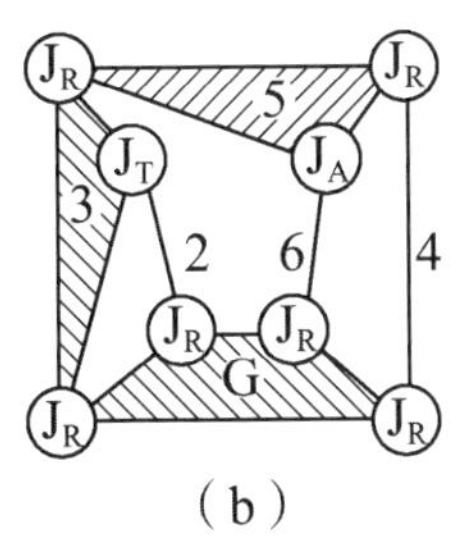

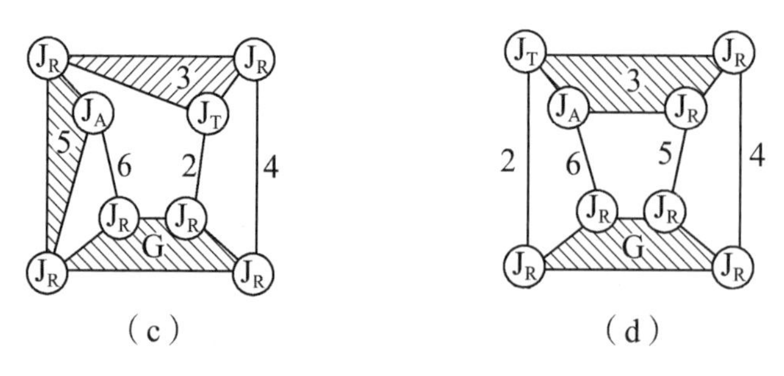

图5-5　可行特殊化链目录（杆6必不在杆2上）

步骤六　机构目录

再生化程序，一般并没有遵循一定的程序就能得到新的理想结果。为使其可操作性提高，在进行再生化程序时，只根据机械装置的运动与功能要求，杆件与接头型态可以不作变化。因此，将图5-4和图5-5的可行特殊化链图谱一一再生化，共获得与其分别对应的图5-6和图5-7共八个具有四连杆组水轮秤漏机构的图谱，此四连杆组机构应具有肘节效应或杠杆效应（可考虑配重）等功能。其中，杆6必在杆2之上的机构图谱，只有一个水流回路，而杆6必不在杆2之上的机构图谱，则要有两个水流回路，一是注入秤漏的受水壶，一是注入水轮的受水壶作为主动力源，而此受水壶是固定在水轮上的，且无相对运动。

步骤七　可行设计

若以具省力功能的四连杆组机构为要求，包含已有设计，则可得八个具有四连杆组水轮秤漏装置的复原设计。然省力机构在中国古代的演化发展早且丰富多样，衡器与桔槔等杠杆机构、滑车与辘轳等绳索滑轮机构在先秦时期已使用很广泛，且在表2-7所列之史料中对机械钟使用绳索传动机构的描述亦不少，故可以绳索滑轮机构对四连杆组机构进行机构等效变换。机构等效变换是一同性异形的变换，为了使此程序具有完整性与简易性，令杆件数、接头数、机构的自由度均不变，只就杆件与接头的型态进行变换。最后可得两个具有绳索滑轮机构之六杆八接头水轮秤漏装置的复原设计，如图5-8所示；其中，图5-8（a）机构是由图5-6（c）机构演变得到的，图5-8（b）机构是由图5-7（c）机构演变得到的。

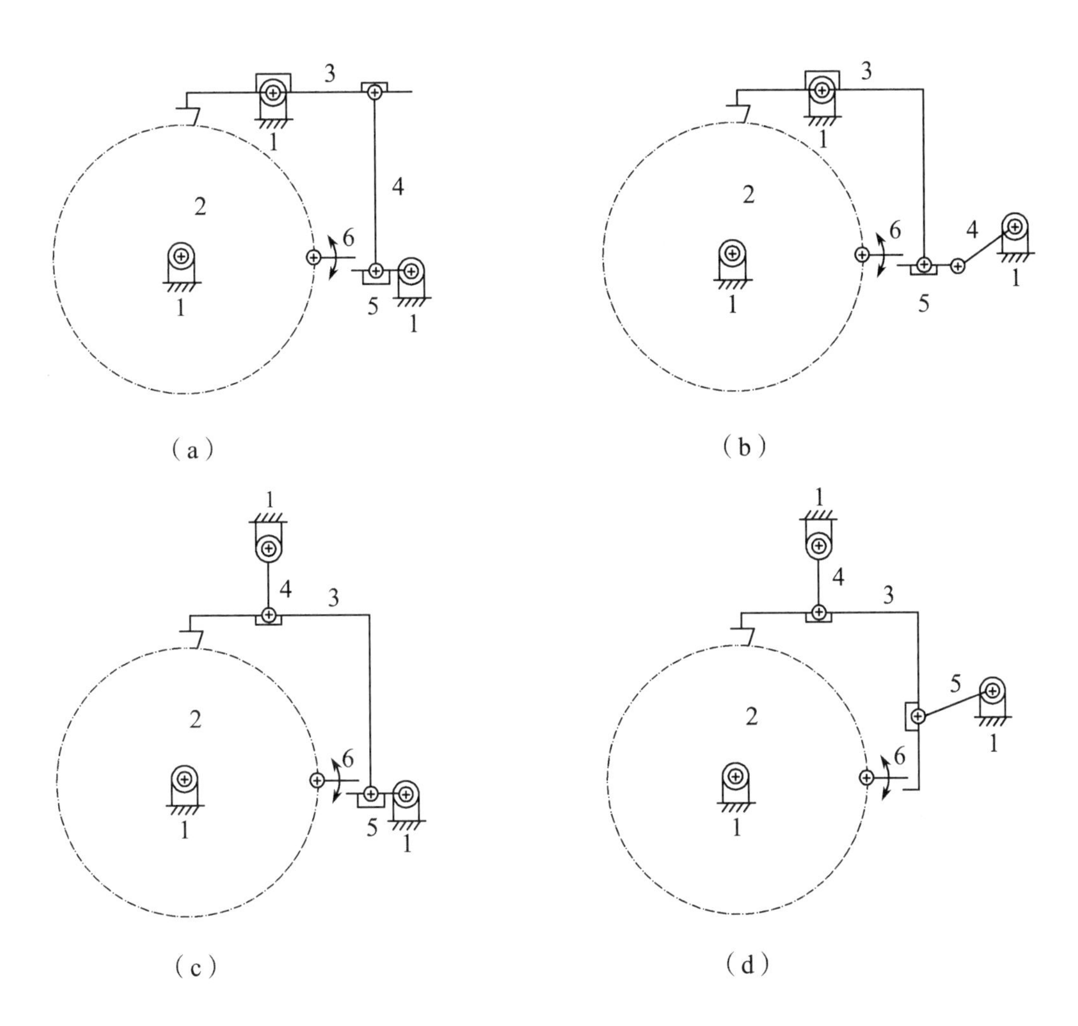

图5-6　具四连杆组之水轮秤漏装置的可行机构目录（杆6必在杆2上）

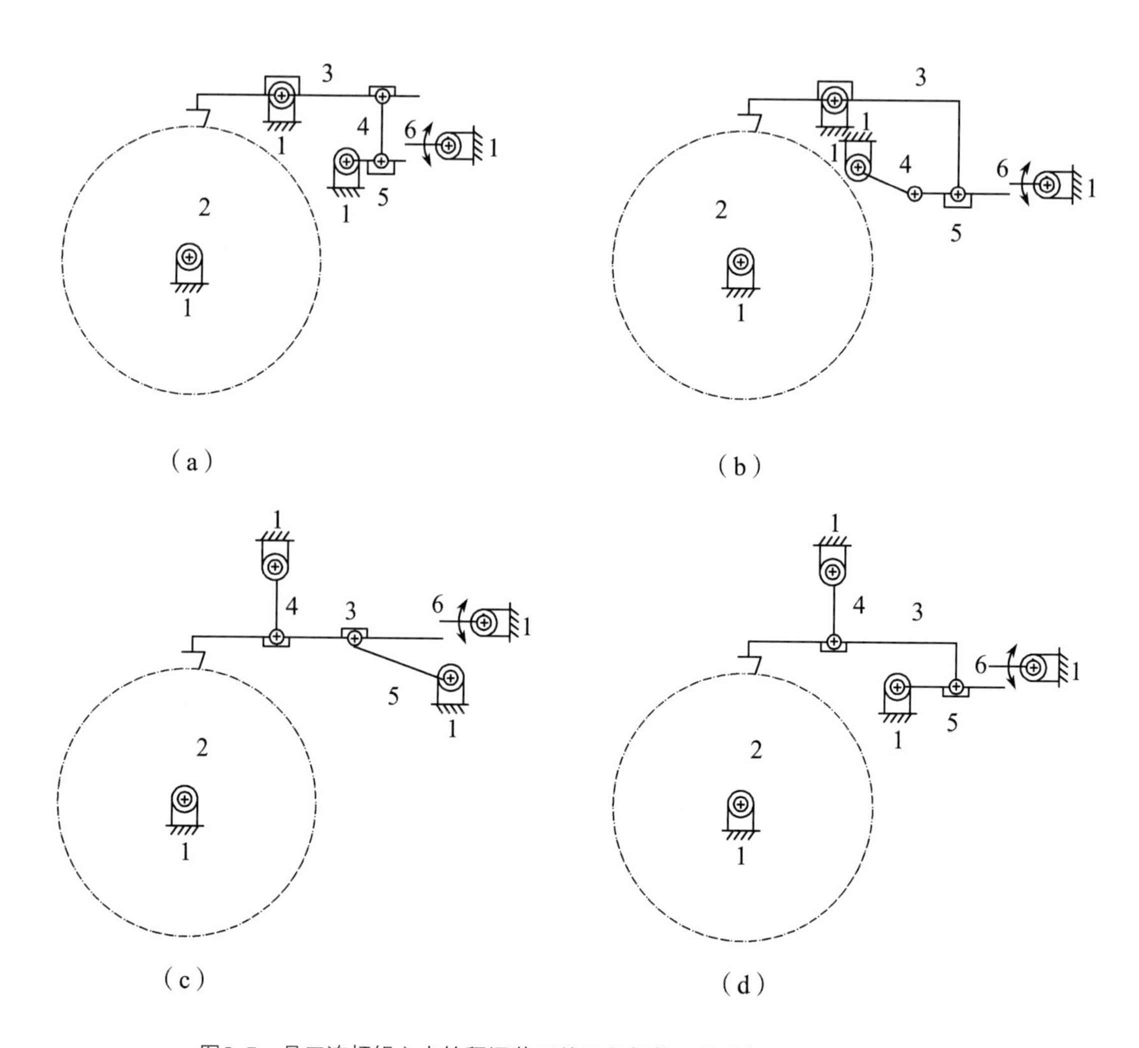

图5-7 具四连杆组之水轮秤漏装置的可行机构目录（杆6必不在杆2上）

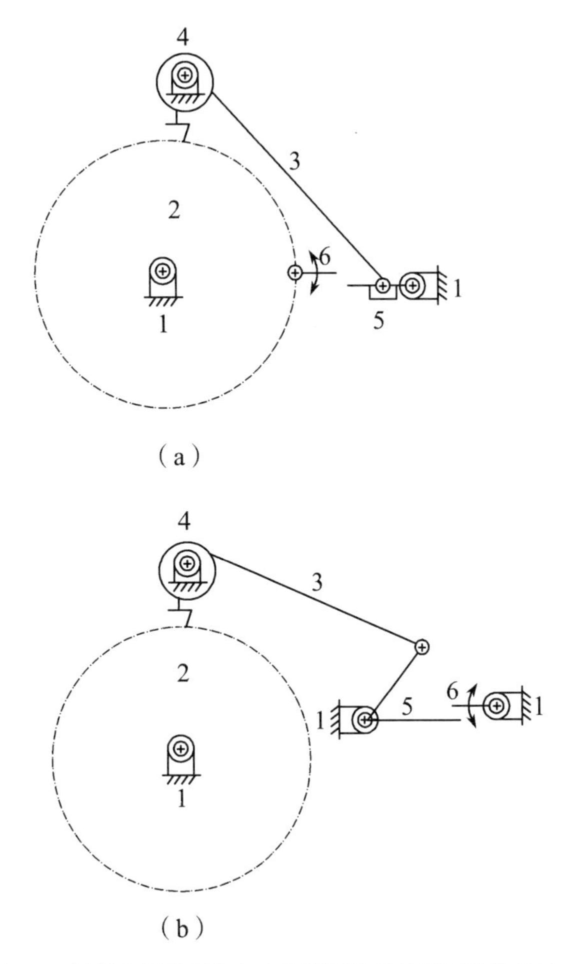

图5-8　具绳索滑轮机构之水轮秤漏装置的可行机构目录

第三节　实体模型

由于计算机科技和工程应用软件的不断进步，可借助计算机辅助设计与工程（CAD/CAE）软件进行复原设计。本研究即是在CAD/CAE的环境下进行中国古代擒纵调速器之实体模型的建构，以作为其复原制造的基础工作。

复原模型的设计与一般的机械设计最显著的区别，在于后者可在宽广的范围内追求进步性、新颖性的设计，而前者应忠于复原的依据，力求准确性，不但要进行机构设计、运动设计，而且要以古代的施工方式、接合工艺进行制作与组立。为使建模工作更具效率，本节归纳出图5–9的水轮秤漏装置建模流程，并建立了苏颂的水轮秤漏装置模型（图4–1），同时将5–2节合成出的八个具有四连杆组和两个具有绳索滑轮机构之六杆八接头水轮秤漏装置的复原设计建构为实体机构模型，如图5–10—图5–12所示。

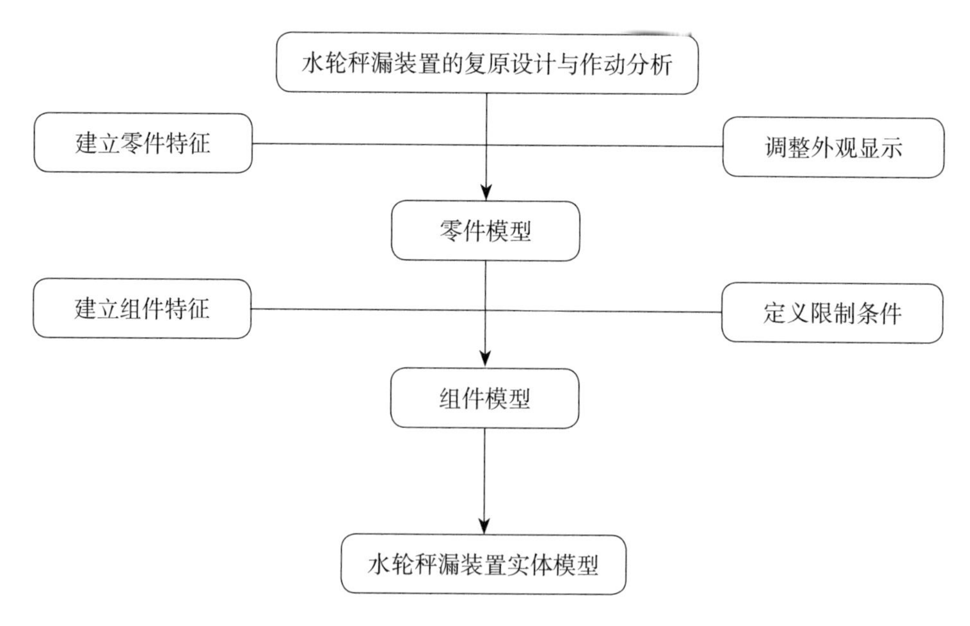

图5–9　水轮秤漏装置的建模流程

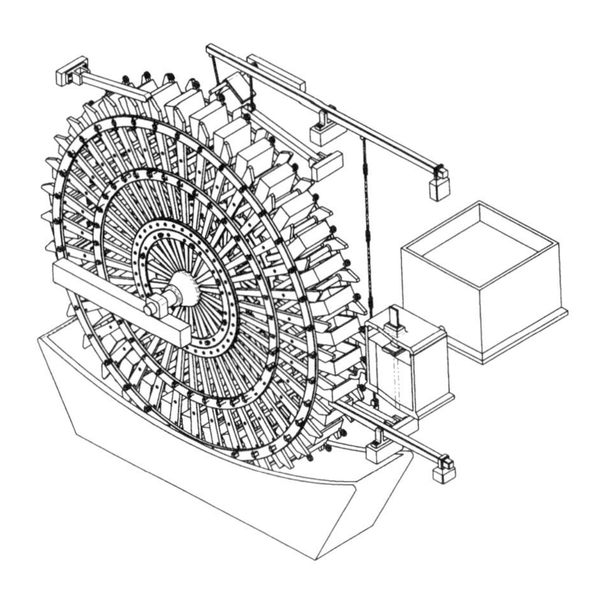
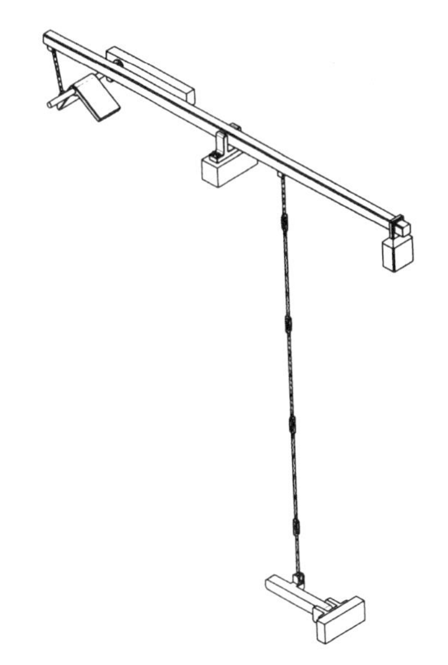

（a）原始设计

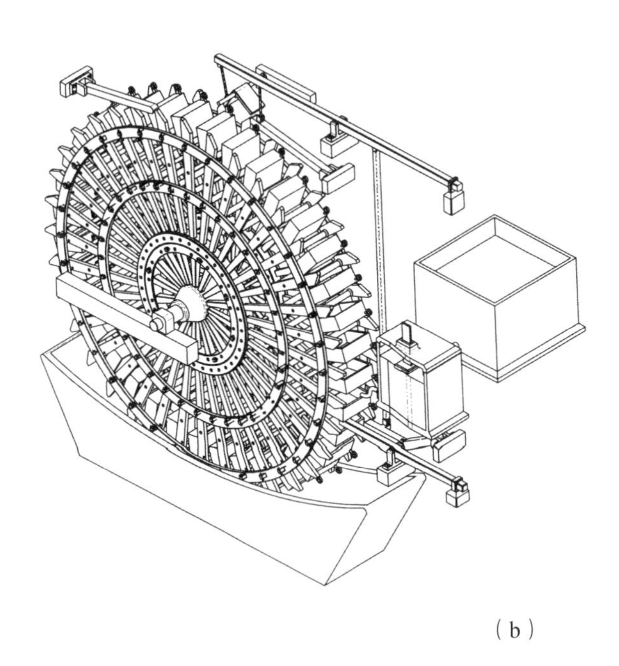
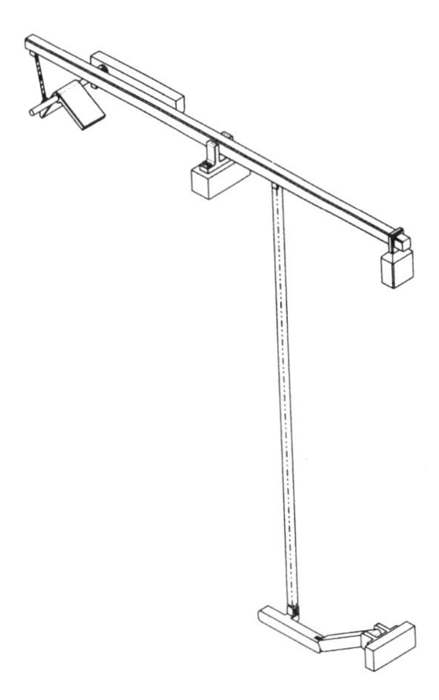

（b）

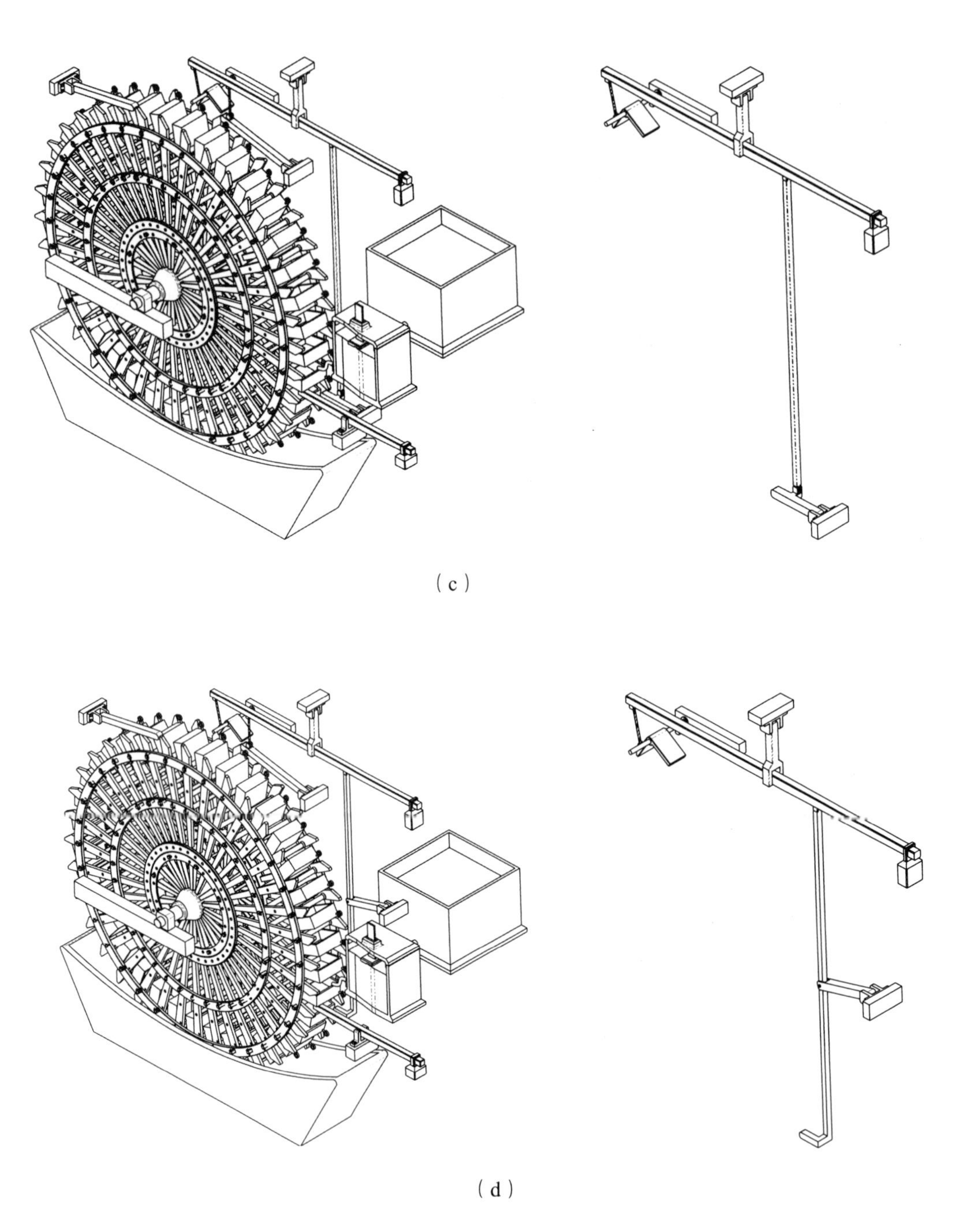

（c）

（d）

图5-10 与图5-6对应的复原设计实体模型

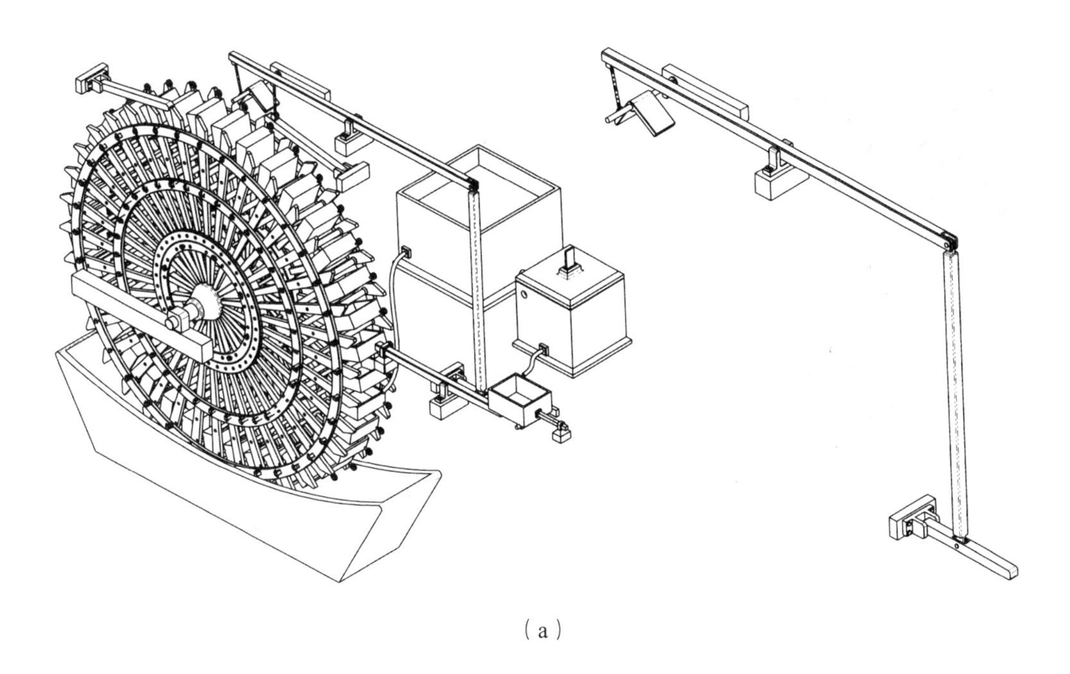

（a）

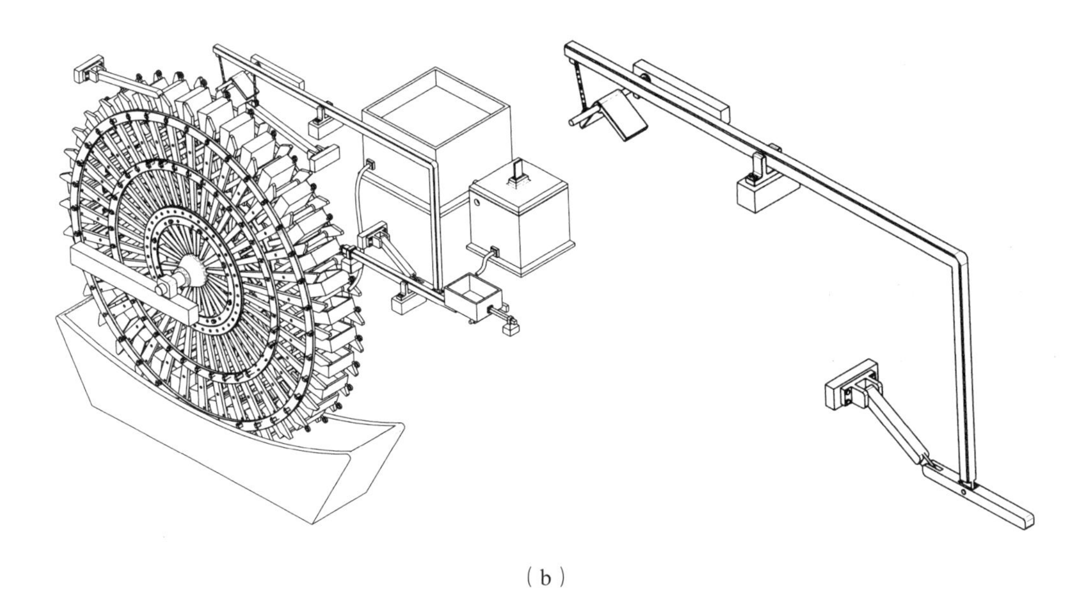

（b）

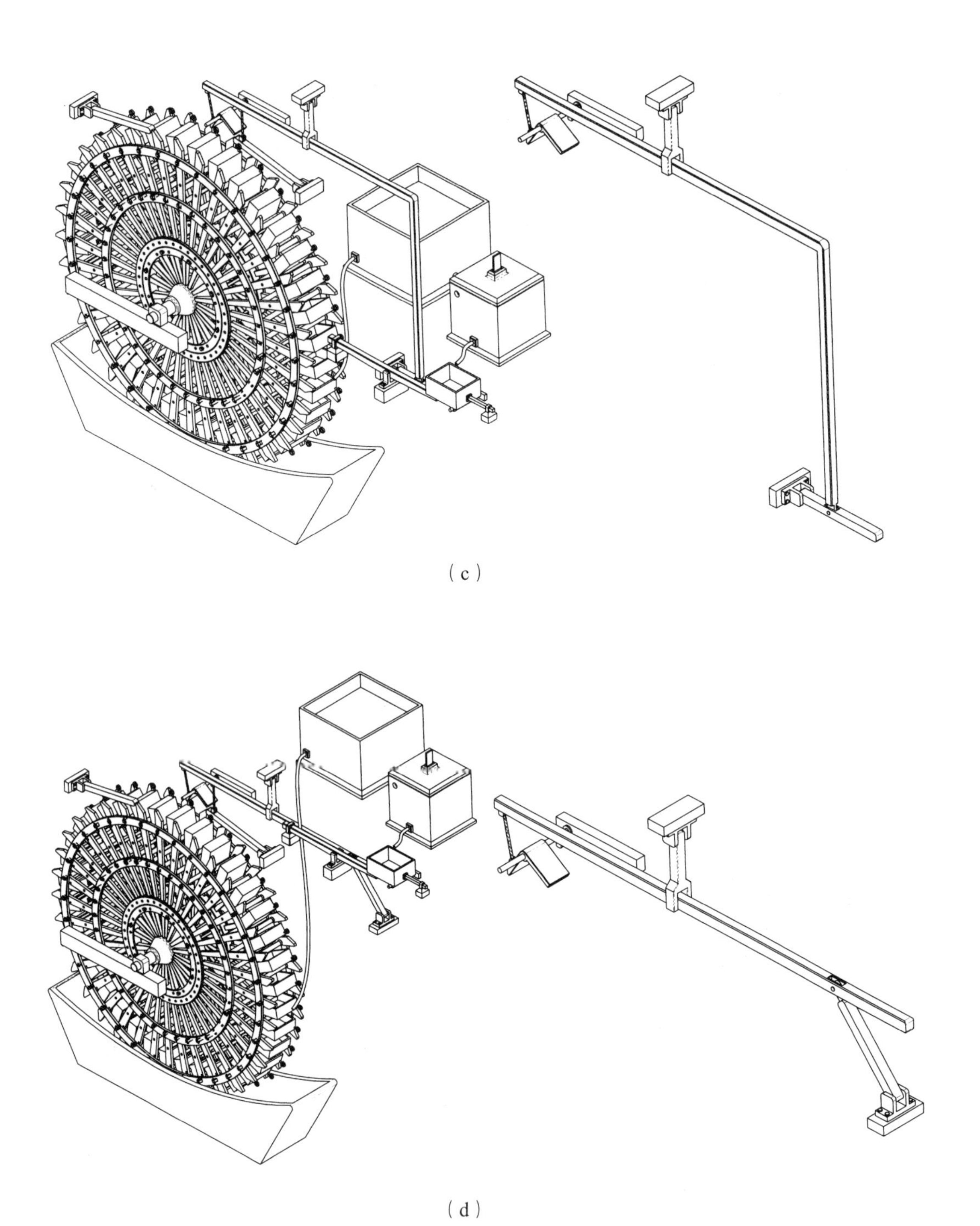

（c）

（d）

图5-11 复原设计实体模型（图5-7）

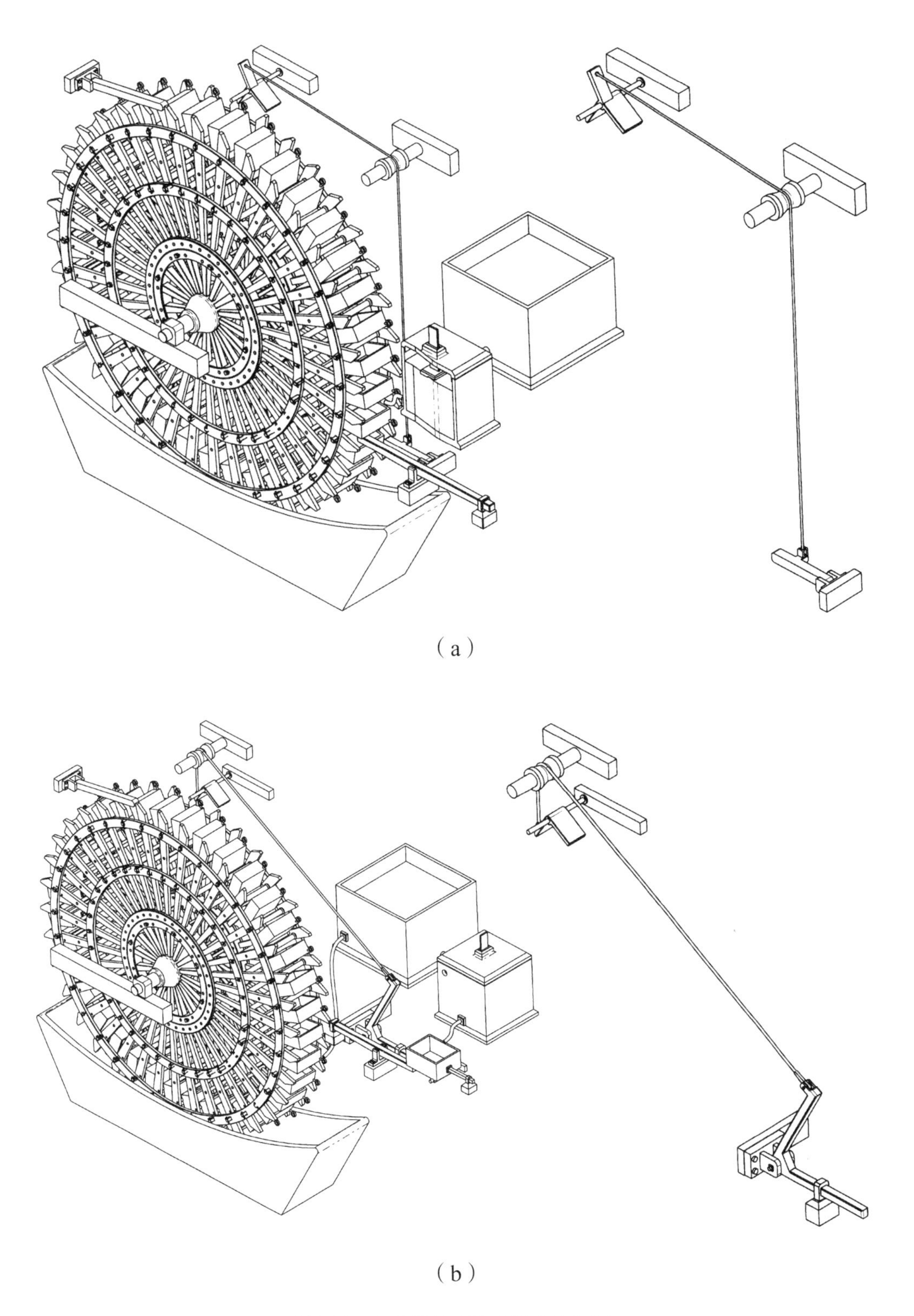

（a）

（b）

图5-12　复原设计实体模型（图5-8）

第四节　结　论

古机械复原研究中最困难的是复原设计。本研究针对此问题提出一古机械复原设计程序，可合成出所有符合设计规范的概念设计。此程序将史料研究结果，以机构创新设计的演算方法，使发散的概念能够收敛到一定深度的范畴，并以机械演化与变异方法，得到符合当时科学技术水准的可行复原设计。

此程序对文献中细部不清楚或有争议的机构可就其功能转化为相同自由度的一般化接头，使问题简化，如天关装置。机械演化是一种普遍的规律，任何一种机构和机械的产生都有其演化历程，此演化历程受制于科学理论和技术手段，深刻理解其演化脉络，不但可获得适当的复原设计，更可以温故、知今，进而创新。

中国古代擒纵调速器的复原设计是以苏颂水轮秤漏装置为原始设计来进行的。此程序过程有两个地方是弹性多变的，一是设计需求与限制的制订；二是机械演化与变异的运用。设计需求与限制的制订，一般是随史料研究结果与设计者主观因素的变化；而机械演化与变异的运用，是根据复原对象之年代的科学理论与技术方法，这两者相互配合与运用，便可得到适当可行的设计。

为了使此程序的可操作性提高，中国古代擒纵调速器的设计需求与限制，主要是以原始设计的拓扑构造来制订，并解除杆6和杆2邻接的限制，则可得八个具有四连杆组水轮秤漏装置的复原设计。由史料研究了解历代省力机构的演化发展，以绳索滑轮机构对四连杆组机构进行机构等效变换。机构等效变换只就杆件与接头的型态进行变换，杆件数、接头数、机构的自由度均不变，最后可得两个具有绳索滑轮机构之六杆八接头水轮秤漏装置的复原设计，这些结果可用于历代机械钟，对其复原研究将有极大的帮助。

第六章

总　结

古机械的复原是以一种古机械原型为本体，根据古代的机械原理、机械工程、工艺技术等，重新建构此机械。本研究以中国古代机械为对象，根据史料成分进行分类，并提出一套复原研究程序，有系统地建构古机械原型及古代机械科技和工艺，再以中国古代擒纵调速器的个案研究来阐释此程序。再者，本研究属于机械史学领域的创新研究，虽是针对中国古代机械进行探讨，但其适用性并不限于中国的古机械。

综观全文，获得具体而重要的研究结论如下：

1. 天文之为十二次，漏刻之为百刻，建立了中国古代将一日均等划分的等时时间观念，提供了中国古代天文钟发展的客观条件。秤漏和浮漏的高度发展，满足了中国古代擒纵调速器发展的技术要求。
2. 定义水轮秤漏装置，它是由定时秤漏装置和水轮杠杆擒纵机构所组成的，是中国古代擒纵调速器的特有型式，并提出如图3-11所示的自动控制运动分析模式，表示出水轮秤漏装置的功能与运动方式，反映了苏颂与韩公廉的设计思想。
3. 水运仪象台的计时单位与齿轮齿数的设计是互有关系的。本研究以浑仪、浑象、报时装置等三大工作系统的功能作为其设计需求与限制，建立数学关系式，据此可得到任何的解，其中计时单位应取在14.4—144秒间，并以1：1之复原机器的实验量测结果为据，推知计时单位应大于38.6秒，方可获得较佳的计时精度，然后根据文献考证提出较适当的设计，并列于表3-3—表3-6。
4. 在机械钟之擒纵调速器的发展过程中，由于水轮秤漏装置独特的设计，故而计时单位的调整范围较大，易使其运动时间与静止时间的比值小于1：19，这也是中国古代机械钟可用来作为天文钟之用的主要原因。

5. 根据漏刻制度的使用，夜漏箭轮乃是一个数据库，其上置有六十一支更筹箭。箭上主要是书写该箭代表之时期和该时期之日出日入之时刻、每更为几刻几分、每筹为几刻几分。因此，夜漏金钲轮上之拨牙位置和夜漏更筹司辰轮上木人位置可根据夜漏箭轮相对应的箭筹上资料随节气更换，极为便利。
6. 机械钟之擒纵调速器的作用在其运动的产生与控制，本研究以水力、重力与弹力、电磁力等不同动力驱动方式，将擒纵调速器分为三个阶段来探讨比较，并得到结论为不同动力的运用，造就其不同的机构型式。运用水力与电磁力者，其动力型态较相似，故其设计概念亦较类似。运用重力、弹力、电磁力者，其振荡器型式相同，在机构上的安排也较为相近。这些异同皆可由图4–7比较得知。
7. 在古机械复原研究中最困难的是复原设计。本研究针对此问题提出一套古机械复原设计程序，结合机构创新设计方法和机械演化与变异原理，有系统地设计符合复原对象的古代科学理论与技术手段之所有适当可行的方案。中国古代擒纵调速器的复原设计是以苏颂水轮秤漏装置为原始设计，利用此程序来进行设计，结果可得八个具有四连杆组与两个具有绳索滑轮机构之六杆八接头水轮秤漏装置的复原设计，可用于中国历代古机械钟，对其复原研究有极大的帮助。
8. 通过计算机辅助设计与工程（CAD/CAE）软件的整合，以实体模型进行中国古代擒纵调速器之复原模型的建构，以作为复原制造的基础。

本研究主要是对水轮秤漏装置进行复原设计，对所合成出的构形设计，尚未进行其运动分析与动力分析，需进一步探讨和研究。另外，在中国古代擒纵调速器的复原研究程序中，并未对其复原的制造步骤进行说明，此步骤大部分是属于制造工程问题，涉及较大的财力与人力，但这是整个复原研究成果的展示，值得进一步研究。

机械史，不只是古代机械史，也包含近现代机械史。中国近现代机械史的研究相较于欧美落后许多，是急切且值得研究的课题，属于中国近现代科学技术史重要的一环。中国近现代科技史是世界科学技术发展历程中的一部分，同时也是对中国古代科技文明的一种继承。

参考文献

山东省菏泽地区汉墓发掘小组，1983. 巨野红土山西汉墓［J］. 考古学报（4）：480–482.

王应麟，1986. 玉海：第1册［M］. 京都：中文出版社：238.

王振铎，1989. 西汉计时器「铜漏」的发现及其有关问题：科技考古论丛［M］. 北京：文物出版社：352–363.

王祯，1983. 子部36农家类：王氏农书［M］//景印文渊阁四库全书：第730册，台北故宫博物院庋藏本影印本. 台北：台湾商务印书馆：315–607.

中国科学院考古研究所满城发掘队，1972. 满城汉墓发掘纪要［J］. 考古（1）：13.

内蒙古伊克昭盟文物工作站，1978. 内蒙古伊克昭盟发现西汉铜漏［J］. 考古（5）：317.

允祹，等，1983. 史部37政书类：钦定大清会典：卷八十六：漏壶［M］//景印文渊阁四库全书：第619册. 台北故宫博物院庋藏本影印本. 台北：台湾商务印书馆：829–830.

卡雷列，1968. 钟表制造及修理［M］. 张志纯，译. 台北：徐氏基金会出版部：219.

卡雷列，1970. 钟表制造及修理——第二部［M］. 黄友训，译. 台北：徐氏基金会出版部：95–96.

司马迁，1981. 史记：下册［M］. 台北：台湾商务印书馆.

华同旭，1991. 中国漏刻［M］. 合肥：安徽科学技术出版社.

伊世同，1986. 仰釜日晷和仰仪［J］. 自然科学史研究，5（1）：41–48.

刘仙洲，1956. 中国在计时器方面的发明［J］. 天文学报，4（2）：219–233.

刘仙洲，1962. 中国机械工程发明史：第一编［M］. 北京：科学出版社：110–113.

刘安，1967. 卷3天文训［M］//淮南子. 许慎，注. 台北：台湾商务印书馆.

刘昫，等，1976. 旧唐书：第2册［M］. 新校本. 台北：鼎文书局：1295–1296.

刘歆，1979. 卷3七五：咸阳宫异物［M］//西京杂记. 台北：台湾商务印书馆：12.

兴平市文化馆，1978. 陕西兴平汉墓出土的铜漏壶［J］. 考古（1）：70.

阮元，1989. 周礼注疏［M］//十三经注疏附校勘记：第3册. 台北：大化出版社.

孙逢吉，1935. 卷17挈壶正：国朝挈壶正掌知漏刻［M］//职官分纪：第13册. 上海：商务印书馆：15–16.

孙逢吉，1993—1995. 准斋心制几漏图式. 清代黄氏士礼居抄本.［M］//薄树人，主编. 中国科学技术典籍通汇，天文卷：第1册. 郑州：河南教育出版社：961–967。

严可均，1961. 卷62孙绰：漏刻铭［M］//全上古三代秦汉三国六朝文，全晋文上：第4册. 台北：世界书局：5.

苏颂，1983. 子部92天文算法类：新仪象法要［M］//景印文渊阁四库全书：第786册. 台北故宫博物院庋藏本影印本. 台北：台湾商务印书馆.

杜预，孔颖达，1981. 卷43昭公传：昭公五年［M］//春秋左传正义：第3册. 台北：中华书局：2.

杨甲，毛邦翰，1983. 经部177五经总类：六经图［M］//景印文渊阁四库全书：第183册. 台北故宫博物院庋藏本影印本. 台北：台湾商务印书馆：249–250.

杨青，1995. 秦代机械工程的研究与考证专辑［J］. 咸阳：西北农业大学学报（23）：23.

李广申，1963. 漏刻的迟疾与液体的黏滞性［J］. 科学史集刊（6）：29–33.

李延寿，1976. 南史：第3册［M］. 新校本. 台北：鼎文书局：1898.

李志超，1997. 水运仪象志［M］. 合肥：中国科技大学出版社：76–101.

李志超，1982.《浮漏议》考释［J］. 中国科学技术大学学报（增刊）：33–39.

李伯诗，颜颐仲，1993–1995. 铜壶漏箭制度. 清代黄氏士礼居抄本.［M］//薄树人，主编. 中国科学技术典籍通汇，天文卷：第1册. 郑州：河南教育出版社：947–957.

李鉴澄，1978. 晷仪——现存我国最古老的天文器之一［M］//科技史文集：第一辑（天文学史专辑）. 上海：上海科学技术出版社：31–38.

沈子由，撰，周世德，提要，1993. 南船纪［M］//华觉明主编. 中国科学技术典籍通汇——技术卷：第一册. 景清乾隆六年沈守义重刊本. 郑州：河南教育出版社：423–486.

沈约，1975. 宋书：第1册［M］. 新校本. 台北：鼎文书局：312–313.

宋应星，1983. 天工开物［M］. 台北：台湾商务印书馆.

宋濂，1981. 卷47：五轮沙漏铭［M］//宋文宪公全集：第3册. 台北：中华书局：7–8.

宋濂，1977. 元史：第2册［M］. 新校本.台北：鼎文书局.

张鷟，1983. 子部341小说家类：朝野佥载：卷六［M］//景印文渊阁四库全书：第1035册. 台北故宫博物院庋藏本影印本. 台北：台湾商务印书馆：282.

张廷玉，等，1975. 明史：第2册［M］. 新校本. 台北：鼎文书局.

张春林，曲继方，张美麟，编著，1999. 机械创新设计［M］. 北京：机械工业出版社.

张闻玉，1995. 古代天文历法论集［M］. 贵州：贵州人民出版社：170–171.

陈久金，1998. 中国古代时制研究及其换算［J］. 自然科学史研究，2（2）：118–132.

陈延杭，陈晓，1994. 古代天文钟——苏颂水运仪象台复原模型研制［M］//时计仪器史论丛：第一辑. 苏州：中国计时仪器史学会：52–67.

陈寿，裴松之，1977. 三国志：第2册［M］. 新校本. 台北：鼎文书局：1426.

陈美东，1982. 我国古代漏壶的理论和技术——沈括的《浮漏议》及其它［J］. 自然科学史研究，1（1）：224–253.

陈美东，1986. 试论我国古代黄赤交角的测量［M］// 蒲公英出版社编辑部. 中国科技史文集. 台北：蒲公英出版社.

陈遵妫，1984. 中国天文学史：第六册［M］. 台北：明文书局：1721.

范晔，1977. 后汉书：第5册［M］. 新校本. 台北：鼎文书局.

茅元仪，1984. 武备志［M］. 台北：华世出版社.

欧阳修，宋祁，1981. 新唐书：第2册［M］. 新校本. 台北：鼎文书局：806–807.

郑玄，孔颖达，1971. 毛诗正义［M］. 台北：广文出版社：86.

房玄龄，1976. 晋书：第1册［M］. 新校本. 台北：鼎文书局.

赵尔巽，等，1998. 清史稿：第3册［M］. 点校本. 北京：中华书局：2580.

赵晔，1978. 卷1王僚使公子光传第三：王僚五年［M］//吴越春秋. 台北：台湾商务印书馆：21.

赵爽，注，甄鸾重，述，李淳风，释，1965. 周髀算经：卷下之一［M］// 王云五，主编. 丛书集成简编：第406册. 台北：台湾商务印书馆.

胡维佳，1994.《新仪象法要》中的「擒纵机构」和「星图制法辨正」［J］. 自然科学史研究，13（3）：224–253.

胡维佳，1997.《新仪象法要》译注［M］. 沈阳：辽宁教育出版社.

施若谷，1994. 天文钟与擒纵器的辨析：时计仪器史论丛第一辑［M］. 苏州：中国计时仪器史学会：68–75.

班固，1983. 汉书：第4册［M］. 新校本. 台北：鼎文书局：3168.

徐坚，1972. 初学记：第3册［M］. 台北：新兴出版社.

郭庆藩，王孝鱼，1991. 卷5外篇：天地第十二［M］//庄子集释：上册. 台北：群玉堂出版公司：433.

郭盛炽，1998. 明崇祯日晷、星晷结构讨论［M］//时计仪器史论丛：第三辑. 苏州：中国计时仪器史学会：27–31.

黄以文，1990. 创造性机构设计之专家系统［D］. 台南：成功大学.

黄晖，1990. 论衡校释［M］. 北京：中华书局：752–574.

萧子显，1983. 南齐书：第1册［M］. 新校本. 台北：鼎文书局：203–209.

萧统，1975. 卷56铭：陆佐公新刻漏铭一首并序［M］//昭明文选. 李善，注. 台北：文化图书出版社：776–778.

脱脱，等，1983. 宋史：第13册［M］. 新校本. 台北：鼎文书局：10654.

脱脱，等，1983. 宋史：第12册［M］. 新校本. 台北：鼎文书局：9909–9910.

脱脱，等，1983. 宋史：第2册［M］. 新校本. 台北：鼎文书局.

脱脱，等，1983. 宋史：第3册［M］. 新校本. 台北：鼎文书局.

脱脱，等，1976. 金史：第1册［M］. 新校本. 台北：鼎文书局.

阎林山，全和钧，1980. 论我国的百刻计时制［M］// 科技史文集：第六辑. 上海：上海科学技术出版社：1–6.

曾公亮，1935. 武经总要［M］. 上海：商务印书馆.

曾敏行，1985. 独醒杂志：卷二［M］. 北京：中华出版社：16.

瑞麟，戴肇辰，史澄等，1966. 卷103金石略七：延祐铜壶款［M］//广东省广州府志：第2册. 清光绪五年刊本影印本. 台北：成文出版社：697–698.

管成学，杨荣垓，苏克福，1991.《新仪象法要》版本源流考［M］//苏颂与《新仪象法要》研究. 长春：吉林文史出版社.

颜鸿森，1997. 机构学［M］. 台北：东华书局：13–16.

颜鸿森，林聪益，1993. 北宋苏颂水运仪象台机械时钟之研究［R］. 大学生暑期参与专题研究计划成果报告：5–23.

魏征，等，1983. 隋书：第2册［M］. 新校本. 台北：鼎文书局.

魏征，等，1983. 隋书：第1册［M］. 新校本. 台北：鼎文书局.

土屋榮夫，山田慶兒，1997. 復元水運儀象台——十一世紀中国の天文観測時計塔［M］. 東京：新曜社.

ALTSHULLER G. S，1984. Creativity as an Exact Science［M］. New York：Gordon & Breach.

BUCHSBAUM F，FREUDENSTEIN F，1970. Synthesis of Kinematic Structure of Geared Kinematic Chains and Other Mechanisms［J］. Journal of Mechanisms，5（3）：357–392.

COMBRIDGE J. H，1962. The Celestial Balance：a Practical Reconstruction［J］. Horological Journal，104：82.

COMBRIDGE J. H，1964. The Chinese Water-Balance Escapement［J］. Nature，204：1175–1178.

COMBRIDGE J. H，1963. The Chinese Water-Clock［J］. Horological Journal，105：347.

GAO X，2000. Research on the Perfect Water-power Astronomical Instrument of Ancient China—The Astronomical Clock Tower：Proceedings of International Symposium on History of Machines and Mechanisms HMM 2000，Cassino，Italy，May 11–13，2000［C］. Italy：Kluwer Academic Publishers：135–139.

HOPE-JONES F，1931. Electric Clocks［M］. London：N.A.G. Press Limited.

JOHNSON R. C，1973. Design Synthesis–aids to Creative Thinking［J］. Machine Design，45（27）：158–163.

KOTA S，1990. Qualitative Matrix Representation Scheme for the Conceptual Design of Mechanisms：Proceedings of Mechanism Synthesis and Analysis，the 1990 ASME Design Technical Conferences—21st Biennial Mechanisms Conference，Chicago，Illinois，September 16–19，1990［C］. New York：ASME，DE（25）：217–230.

LANGMAN H. R，BALL A，1927. Electrical Horology［M］. London：Lockwood's Technical Manuals：168–169.

LIANG Z. J，LIANG S，2000. A New Angle of View in Machinery History Studies—Drawing Up Evolution Pedigree and Innovation：Proceedings of International Symposium on History of Machines and Mechanisms HMM 2000，Cassino，Italy，May 11–13，2000［C］. Italy：Kluwer Academic Publishers：283–290.

NEEDHAM J，WANG L，PRICE D. J，1956. Chinese Astronomical Clockwork［J］. Nature，177：600–602.

NEEDHAM J，WANG L，PRICE D. J，1960. Heavenly Clockwork：The Great Astronomical Clocks of Medieval China［M］. London：Cambridge University Press.

NEEDHAM J，1965. Science and Civilisation in China：Volume 4，Physics and Physical Technology，Part 2，Mechanical Engineering［M］，London：Cambridge University Press：532–546.

TERNINKO J，ZUSMAN A，ZLOTIN B，1998. Systematic Innovation：An Introduction to TRIZ（Theory of Inventive Problem Solving）［M］. New York：St. Lucie Press：1–27.

USHER A. P，1929. A History of Mechanical Inventions［M］. New York：McGraw-Hill Book Company，Inc.：156–160.

YAN H. S，HWANG Y. W，1988. The Generalization of Mechanical Devices [J] . Journal of the Chinese Society of Mechanical Engineers（Taiwan），9（4）：283–293.

YAN H. S，HWANG Y. W，1991. The Specialization of Mechanisms [J] . Mechanism and Machine Theory，26（6）：541–551.

YAN H. S，LIN T. Y，2000. Comparison between the Escapement Regulators of Su Song's Clock-tower and Modern Mechanical Clocks：Proceedings of International Symposium on History of Machines and Mechanisms HMM 2000，Cassino，Italy，May 11–13，2000 [C] . Italy：Kluwer Academic Publishers：141–148.

YAN H. S，1992. A Methodology for Creative Mechanism Design [J] . Mechanism and Machine Theory，27（3）.

YAN H. S，1998. Creative Design of Mechanical Devices [M] . Singapore：Springer-Verlag.